KB050908

대한민국 부부행복 하신가요?

만사형통 운수대통 부부행복학 36강
대한민국 부부 행복하신가요?

초 판 1쇄 2019년 08월 27일
초 판 2쇄 2021년 03월 04일

지은이 배준하 · 최영미
펴낸이 류종렬

펴낸곳 미다스북스
총괄실장 명상완
책임편집 이다경
책임진행 박새연, 김가영, 신은서, 임종익

등록 2001년 3월 21일 제2001-000040호
주소 서울시 마포구 양화로 133 서교타워 711호
전화 02) 322-7802~3
팩스 02) 6007-1845
블로그 http://blog.naver.com/midasbooks
전자주소 midasbooks@hanmail.net
페이스북 https://www.facebook.com/midasbooks425

ISBN 978-89-6637-698-8 03590

값 15,000원

만사형통 운수대통
부부행복학 36강

대한민국 부부행복 하신가요?

| 배준하 · 최영미 지음 |

미다스북스

✻ 프롤로그

결혼은 행복으로 가는 과정입니다!

"함께 살면 괜찮겠다 싶은 사람과 결혼하지 마라. 없으면 살 수 없는 사람과 결혼하라."

미국의 저명한 심리학자 제임스 돕슨 박사의 말이다. 이게 무슨 말일까?

결혼식장의 모습을 떠올려보자. 저마다 폼 나게 차려입은 정장 차림의 하객들, 일일이 악수하며 반갑게 맞는 양가 부모님, 입이 귀에까지 걸린 새신랑의 바보 웃음, 그의 곁에서 행복해 보이는 수줍은 신부…. 평생 이 날처럼 행복할 것만 같지만, 그렇지 않은 경우가 대부분이다.

결혼 생활은 쉽지 않다. 이혼율이 점점 높아지고 있다. 나중에 이혼 남녀라는 주홍글씨를 붙이고 사느니 차라리 혼자 사는 게 더 나을 텐데. 굳이 결혼까지 해서 서로 싸우고 스트레스까지 받으며 사는 이유가 뭘까? 혼자 벌어 적당히 남 눈치 보지 않고 즐기면서 살면 될 텐데 왜 결혼이란 걸 했을까?

내 한몸 챙기기도 버거운데 남의 부모, 형제에 조카들 생일까지 떠안아가며 축하에 골머리 썩이는 사람들은 대체 왜 그러는가? 상대의 외모에 반해서? 너무 사랑하고 너무 좋아해서? 돈이 많아서? 영원히 서로 행복할 것 같아서?

아내와 나는 6개월이라는 짧은 연애 기간을 거쳐 결혼했다. 순진하게도 난 이 여자와 함께라면 행복하게 살 수 있겠다고 생각했다. 그러나 우리 부부도 여느 부부와 마찬가지로 생각이 부딪치고, 가풍이 달라 스트레스를 받고, 고성이 오가고, 때로는 서로를 죽일 듯 미워했다. 부부 갈등은 우리라고 피해갈 수 없었다.

결혼 후 삐걱대던 관계는 15년이라는 시간이 훑고 간 연마과정을 통해 조금씩 유연해지고 성숙해져갔다. 결론부터 미리 말하자면 이젠 서로에게 '없으면 살 수 없는 존재'가 되었다.

가끔 생각해본다. 지금의 아내를 만나지 않고 지금껏 혼자 살았다면 난 어떤 인생을 살아가고 있을까?

돌이켜보니 결혼은 하나의 완결이 아니라, 복잡하게 얽힌 미제 사건을 떠맡는 일인 것 같다. 문제를 풀기 위해서는 시간을 들여야 하고, 편견과 치우친 감정을 내려놓고 수평적인 시선으로 서로의 상황을 바라볼 수 있어야 한다.

결혼 생활이 차츰 회복되어가는 동안 동시에 주위에서 우리 부부와 같은 문제들로 힘겨워하는 사람들이 눈에 들어오기 시작했다. 그들의 고민과 고통은 오랜 기간 우리 두 사람의 삶 전체를 관통해온 것들이었다. 힘들어하는 부부들의 사연이 낯설지 않았다.

이 사연들을 재구성하여 아름다운 부부로 회복할 수 있었던 우리 두 사람의 이야기를 한 권의 책 속에 담았다. 이 책을 통해 그간 부부 갈등으로 가슴앓이 해온 두 사람의 가슴에 청량한 바람이 드는 계기를 얻게 되기를 바란다.

지금 이 순간에도 어려움을 겪는 부부들이 많다. 우리는 이런 부부들에게 아주 작은 변화의 씨앗, 희망이 되고 싶다. 이 책을 통해 많은 부부 혹은 예비 부부들이 함께 행복해질 수 있기를 진심으로 소망한다.

그리고 오늘의 우리 부부가 우리로 행복할 수 있게 해주신 아버지 배성희 님, 어머니 이길선 님 그리고 지금의 아내를 있게 해주신 아버지 최성용 님, 어머니 문순이 님께 감사의 마음을 전한다.

마지막으로 우리 부부에게 사랑과 정을 주신 우리 할머니 故 박차분 님께 감사를 전한다.

2019년 8월

✻ 워밍업

준하 이야기

25살에 '개그맨'이 되겠다는 청운의 꿈을 안고 서울로 상경했다. 지인 소개로 당대 최고의 코미디언 故 김형곤 선배의 문하생으로 들어갔다. 하지만 대학로의 연극판 생활은 궁핍했다. 방송국 개그맨 공채 시험에 응시했지만 번번이 낙방했다.

호랑이를 잡으려면 호랑이굴로 들어가야 한다는 마음을 가지고 방송국 '사전 MC'로 자리를 옮겼다. 방송 녹화 전 방청 분위기를 고조시키고, 출연진과 방청객들의 유대 관계를 만드는 게 주된 일이었다. 그러나 호랑이를 잡겠다고 방송국에 왔지만 막상 눈앞에서 유명한 연예인을 수없이 보니 상대적인 박탈감이 들었다. 명륜동의 반지하방 자취 생활에, 변변한 벌이가 없는 하루살이 삶에 몸도 마음도 지쳐갔다.

30세. 자립을 해야 할 나이였다. 저 멀리의 신기루를 찾다가는 내 인생이 보이지 않겠다 싶었다.

대망의 2000년 1월 1일! 내 인생의 1차 터닝포인트였다. 바로 금연과 개그맨 시험 포기였다. 레크리에이션 강사로 제2의 도약을 했다. 5년간의 개그맨 시험 준비 노력이 결코 헛된 과정이 아니었다는 사실을 깨달았다. 어느새 기본기가 단단하게 다져진 것이다. 여기저기서 행사 진행 섭외가 들어왔다. 드디어 돈이 모였다. 지긋지긋한 서울의 반지하 단칸방에서 강남의 원룸으로 업그레이드했다. 궁핍하고 어두웠던 내 삶에 빛이 들고, 그제야 잊고 있었던, 생각지도 못했던 이성에 눈을 떴다.

그러던 즈음 6월의 어느 날, 남은 내 인생을 함께할 운명의 그녀를 만났다. 우리는 180일간 매일 만났다. 아름답고 뜨거운 연애를 했다. 6개월 동안 단 3일만 빼고 매일 만나서 이야기를 하고 사랑을 나누었다.

2004년 12월 19일 오후 3시 30분, 내 인생의 2차 터닝포인트가 본격적으로 시작되었다. 결혼 후 아내와 나는 같은 사무실로 출근하게 된 것이다. 아내는 행사에 관계된 모든 일을 했다. 풍선 장식, 음향 오퍼레이터, 체육대회 스태프, 레크리에이션 진행…. 아내는 타의 추종을 불허하는 그야말로 '전천후 멀티플레이어'였다.

그렇게 아내와 나는 지난 15년간 함께 전국을 돌아다니면서 수많은 행사장과 강연장에서 대한민국 부부들을 관찰하고 함께했다. 그런데 웬걸?

대한민국의 수많은 부부가 행복하지 않게 살고 있었다. 행복을 방해하는 온갖 종류의 장애물! 잡다하고 복잡한 환경적 요인과 상황 때문에 막힌 소통, 미움과 갈등, 시기와 질투, 증오와 다툼이 있었다. 많은 부부들이 힘들어하며 행복하지 않은 삶을 마지못해 영위하고 있었다. 물론 이혼이나 그보다 더한 상처를 주고 받으며 헤어진 부부도 숱하게 많았다.

보다 못한 우리 부부는 '부부행복 전도사'의 역할을 자임해서 맡기로 결심했다. 우리 부부는 그동안의 부부 생활로 함께할 때 더 큰 용기와 힘이 생긴다는 것을 알게 되었다. 말 한 마리는 딱 한 마리의 힘만 내지만 두 마리는 두 마리의 힘만 내는 것이 아니라 네 마리, 여섯 마리의 힘을 낸다. 이게 바로 시너지 효과이다. 부부는 시너지다. 나의 힘과 용기와 에너지를 네 배, 열 배나 이끌어낸다.

"대한민국의 모든 부부가 행복해지는 그 날까지 우리 부부가 앞장서 가리라!"

영미 이야기

인생의 황금기라고 하는 20대를 막 지나던 그때! 나이 앞에 3자가 붙자 나에게 가족들의 눈치가 쏟아지기 시작했다.

"대체 시집은 언제 갈래?"

"맞선이라도 좀 보는 게 어떻겠니!"

"언니! 고물차가 앞에서 좀 빠져줘야 우리가 시집을 가지…."

'나라고 결혼하기 싫어서 안 하고 있을까? 사람이 있어야 하지. 그런데 왜 그렇게 결혼이라는 것에 목숨을 걸지? 결혼이 인생의 전부는 아니잖아. 혼자 살아도 괜찮은 것 아냐?'

나는 결혼 적령기에 대해서도 생각했다.

'적령기라는 게 어디 있어? 자신이 원할 때가 중요한 것 아냐?'

하지만 30대 초반으로 본격적으로 진입하자 조바심이 생겼다.

'이러다 이번 생에서 결혼이라는 걸 못 해보는 것 아닐까! 포기해야 하나?'

직장 생활을 하면서 갈등이 생기거나 돈이나 시간에 매여 직장을 떠나지 못할 때마다 '결혼'이라는 것을 생각하게 되었다. 결혼하면 남편과 함께 여러 가지 일을 상의하고, 힘들 때마다 서로 지지할 수 있을 텐데. 여차하면 남편을 믿고 퇴직할 수도 있지 않을까! 그러나 그런 바람이 나에게는 사치처럼 느껴졌다.

2004년, 나의 운명이 바뀌는 인생 최대의 사건이 일어났다. 천만다행스럽게도 이번 생에서 결혼할 수 있는 기회가 주어진 것이다. 비록 애초에 내가 꿈꾸었던 이상형과는 다르지만 재미있고, 유쾌하고 착한 사람을 만났다. 드디어 남편에게 기대어 편한 삶을 누릴 수 있을 거라는 기대에 부풀었다.

그러나 그런 기대는 얼마 가지 않아서 무너졌다. 세상에 공짜는 없다. 결혼은 이상적인 행복한 삶의 시작이 아니라 둘이서 함께 걷는 삶의 출발이라는 자각이 들었다. 즐거움과 행복도 있지만 그만큼 슬픔이나 고생도 같이 해야 하는 것이 현실이었다. 결혼을 계기로 일하지 않고 시간의 자유를 만끽하려는 나의 바람은 그저 꿈이었을 뿐이다.

그런데 운명인지 운인지, 남편의 예리한 관찰력은 나도 몰랐던 내 재능들을 찾아내기 시작했다. 많은 사람들 앞에서도 주눅 들지 않는 자신감, 멀리 있어도 귀에 꽂히도록 쩌렁쩌렁 울리는 목소리, 상대의 마음을 휘어잡는 미소까지 나의 잠재력을 귀신처럼 알아봤다. 덕분에 지금 우리 부부는 레크리에이션 진행과 스피치 강의, 팀빌딩, 부부행복 강의 등을 하고 있다. 넘치는 열정 때문에 속상하고 야속할 때도 있지만 나의 능력을 가장 잘 알아봐주는 남편이 지금은 너무 고맙다. 그동안 동생들이나 친구들만 만나면 푸념을 늘어놨다.

"우리 배준하 씨는 내가 노는 꼴을 못 본다. 최소 행사 스태프라도 시켜야 직성이 풀리나 봐. 내가 빈둥거리는 걸 보기 싫은 건지, 남한테 줄 돈을 나한테 주는 걸로 수입을 만들어보려는 건지 알다가도 모르겠다니까!"

결혼이라는 울타리 안에서 맘껏 놀아보려는 내 마음은 모른 채, 쉼 없이 나에게 활동하기를 요구하는 남편을 짜증나는 존재로 느낀 적도 있었다. 그러나 지금은 아니다.

내 인생 최고의 행운은 배준하를 만난 것이다. 늘 푸념으로 늘어놓던 말들이 어느 순간 철없는 아내의 투정이 아닌가 하는 생각이 들었다. 중학교 시절 '세상에 태어난 이상 이름 석 자 정도는 날려봐야 하는 거 아냐?'

하고 다짐했던 나의 꿈을 남편 배준하가 진짜로 이룰 수 있도록 도와주고 있다는 걸 깨달았다. 그런 남편이 존재하기에 내가 언제나 밝고, 미소 짓고, 고생을 고생이라 생각지 않고, 고비를 기회로 여기고 있었던 것이다.

남편 배준하! 지금 이 글을 빌어 인사를 전하고 싶다.

"자기야! 고마워! 그리고 항상 건강하고 재미나고 즐겁게 행복하게 살자!"

사랑하는 사람과 행복하게 살기 위해서는
한 가지 비책을 알아야 한다.
상대를 자신에게 맞추려 하지 말고,
자신을 상대에게 맞추려 해야 한다.
– 발자크

✻ 목 차

제 1 주 제 ✻

감정을 나눠야 행복한 부부

솔직한 마음을 주고 받으세요

제 2 주 제

소통을 잘해야 행복한 부부

한마디 말, 한순간 표정을 놓치지 마세요!

제 3 주 제

균형을 맞춰야 행복한 부부

아내와 남편은 서로 동등하게 대하세요

제 4 주 제

함께 성장해서 행복한 부부

부부는 평생 함께할 전우, 친구, 동반자입니다

제 5 주 제

금기를 깨지 않아서 행복한 부부

결혼한 이상 반드시 지켜야 할 룰이 있습니다

제 6 주 제 · ✲

품격을 지켜서 행복한 부부

항상 서로 존중하고 인정해주세요

"부부의 마음 날씨도 1년 365일,
매일 맑은 날만 계속 있다면 얼마나 좋을까요?"

제1주제

감정을 나눠야 행복한 부부

"솔직한 마음을 주고받으세요."

지금 이 순간이
내가 가진 전부임을 깊이 자각하라.

- 에크하르트 톨레

✻ 1강

1번의 이벤트로 1년간 로맨티스트가 되라!

절대 잊어서는 안 되는 날은 아내의 생일과 결혼기념일이다.
두 날은 절대 잊어서는 안 된다.
— 데일 카네기

국민 사랑꾼으로 불리는 대한민국 남편들의 공공의 적은 누구? 바로 배우 최수종이다. 이벤트 끝판왕 최수종은 SBS 〈미운우리새끼〉에 출연하여 자신이 가진 이벤티스트 면모의 근원을 다음과 같이 설명했다.

"저희 아버지가 가족들에게 정말 자상하셨어요. 일주일에 하루 쉬시는 날에 '오늘은 우리가 일하는 날'이라면서 어머니와 누나를 쉬게 하시고, 집안의 남자들만 모여서 이불 개고 청소하고 요리했어요."

"그러면, 아빠가 최수종이니까, 아들은 어떨지 궁금해요?"

"제 아들도 이벤트를 잘 해요. 지난 결혼기념일엔 제 아들이 어디어디에 선물을 숨겨놨다는 메시지를 보내더라고요."

아버지가 가진 가족 사랑의 이벤티스트 DNA가 그대로 아들인 최수종에게 유전되었고, 다시 최수종의 자녀에게 대물림된 것이다. 1년에 1번 이벤트가 1년을, 10년을 행복하게 만든다.

준하 이야기

나는 지난 20년간 전국의 무대 위에서 수많은 커플들을 울고 웃기며 그들을 연결시켜줬다. 하지만 중이 제 머리 못 깎는다고 했나? 정작 아내에게는 변변한 이벤트 한 번 못해줬다. 심지어 결혼 전 프러포즈조차 제대로 못해서 지금까지 미안한 마음을 감출 길이 없다.

그러나 결혼 생활은 마라톤이다. 아직 채 반도 가지 못했다. 100세 시대를 행복하게 완주하려면 한참 남아 있다고 생각하면서 하나의 이벤트를 구상했다.

그 중에 하나의 이벤트는 '생일상'이다. 나는 어떤 일이 있어도 아내의 생일상을 해마다 직접 준비한다. 결혼 15년 동안 매년 한 번도 빠지지 않고 아내 생일상을 준비했다. 대한민국 남편 중에서 아내를 위한 생일 밥상을 매년 차려준 남편 있으면 어디 나와 보라 그래! 아마 거의 없을 거다. 술을 많이 마시든, 지방 행사 등 어떤 일정이 가로막는 악조건에서도, 절대 굴하지 않고 무조건 아내를 위한 생일상은 반드시 준비했다. 그것도 나름대로 정성을 다해서.

작년 아내 생일 전날이었다. 그날은 지방 행사가 있었다. 일을 끝내고 뒤풀이를 하다 보니 막차를 놓쳤다. 행사 담당자가 내게 말했다.

"준하 씨, 주무시고 올라가세요. 숙소는 저희가 예약해드릴게요."

"아니요. 내일이 아내 생일인데 생일상 차리려면 가야 합니다."

"네? 생일상이요?"

"매년 아내 생일상은 제가 준비합니다. 지금 14년째 하는데 기록 깨지면 안 되죠."

그렇게 심야버스로 서울에 도착하니 시간은 새벽 3시를 가리키고 있었다. 서울에 도착한 나는 어쩔 수 없이 편의점에서 장을 봤다. 집에 들어서서 아내가 깨지 않도록 조용히 쌀을 깨끗이 씻어 밥을 하고 반찬을 준비했다.(미역은 직접 사지 못하고 어쩔 수 없이 '3분 미역국'으로 준비했다.) 윤기가 흐르는 쌀밥과 계란말이를 비롯해 몇 가지 반찬을 정성을 다해 준비했다. 그리고 잠시 눈을 붙였다가 아내를 깨웠다. 그리곤 생일 축하 노래와 함께 아내를 생일상으로 이끌었다. 아내와 나는 웃으며 함께 숟가락을 뜰 수 있다는 것을 진심으로 감사하게 생각하며 행복한 아침 식사를 했다.

남편들이여! 1년에 단 한 번인 아내의 생일. 이번엔 남편이 직접 생일상을 차려봄이 어떠할까? 임금님 수라상을 차릴 수는 없어도, 작은 밥상에 정성과 사랑을 담는 것만으로 충분하지 않을까!

영미 이야기

우리 부부는 1년 중 이틀은 반드시 미역국을 끓여 아침밥을 먹는다. 바로 우리 부부 두 사람의 생일이다. 신년이 되면 가장 먼저 달력에 서로의 생일을 써놓는다. 그리고 생일이 되기 일주일 전부터 공지한다.

그런데 작년 남편 생일엔 미역국을 끓여주지 못했다. 교통사고로 인해 내가 2주가량 병원에 입원 중이었는데 그 사이 남편의 생일이 있었기 때문이다.

"자기야, 내일 자기 생일인데 내가 병원에 있잖아…."
"괜찮아, 자기 몸도 아픈데 그냥 넘어가자."
"아냐, 아냐. 내가 미역국은 못 끓여줘도 아침은 같이 먹어야지."

남편에게 병원으로 와서 아침밥을 함께 먹자고 얘기를 하고 잠자리에 들었다. 나는 간절히 기도를 했다.

'내일 아침 식단에 미역국이 올라오게 해주세요. 제발!'

다음 날 아침, 눈을 떠 아침 식사 메뉴를 봤다. 그런데 이게 웬일이란 말인가? 미역국이 눈앞에서 김을 모락모락 내뿜고 있었다. 뛸 듯이 기뻤다. 비록 내가 끓인 미역국은 아니었지만 남편과 함께 미역국을 먹을 수 있다는 사실이 마냥 행복했다.

멋지고 환상적인 이벤트가 꼭 필요한 것이 아니다. 그게 중요하지는 않다. 기념일에 비싼 핸드백이나 시계를 선물해야하는 것은 더더욱 아니다. 내가 상대방을 진심을 다해 소중히 여기고 있는가가 중요한 것이다. 우리는 그것을 매년 잊지 않기 위해 우리만의 의식을 행하고 있다.

내가 남편에게 해주는 이벤트가 또 하나 있다. 결혼 후 지금까지 빠지지 않고 해마다 남편에게 카드를 썼다. 1년 동안 열심히 뛰어준 남편에 대한 내 고마움의 표시다. 상대방을 행복하게 해주기 위한 일들이지만 가만히 들여다보면 내 행복을 위한 일이기도 하다.

부부 이야기

'콩가루 가족'이라는 말은 어디서 나온 걸까요? 밀가루나 쌀가루와는 달리 콩가루는 도무지 뭉쳐지지 않는답니다. 글루타민(glutamine)이라는 효소가 없어 점성이 없기에 잘 뭉쳐지지 않기 때문이지요. 이벤트는 글루타민 효소와 같습니다. 소소하고 작은 이벤트가 결혼 생활의 색다른 재미와 행복을 가져다 줄 수 있습니다.

1년에 한 번은 작은 감동을 전하는 이벤트를 열어보면 어떨까요?

참행복은 멀리 있지 않습니다. 작은 감동이 쌓이다 보면 부부의 사랑은 더욱 깊어질 것입니다.

✻ 2강

사랑이요? 사랑보다는 전우애죠

원만한 부부 생활의 비결은 결코 죽느냐 사느냐 하는 아슬아슬한 지경에까지 이르지 않도록 하는 것이다.
— 도스토옙스키

"세상이라는 강적을 만나 맞서야 할 때 망설이지 않고 자리를 박차고 나와 당신 옆에 굳건히 함께 서줄 영원한 내 편! 이 험난한 세상과 맞서 우린 전우애로 살아간다." – KBS 드라마 〈고백부부〉

우리가 사는 이 세상에는 도처에 불행을 만드는 적들이 도사리고 있다. 경제적 문제, 자녀 교육, 가족들과의 소통, 시댁과의 불통, 처가와의 불통, 불륜, 외도, 사기 등 그 수와 종류도 너무 많고 다양하다.

세상과 맞서 행복을 사수하기 위해서는 부부가 똘똘 뭉쳐 서로의 편이 되어줘야 한다.

준하 이야기

S대학원 동문 모임에서 강의를 했다. 강의가 끝나니 시간이 너무 늦어서 하룻밤 묵고 다음 날 상경할 계획이었다. 아내는 먼저 피곤하다며 숙소로 올라갔고, 난 뒤풀이에 동석하게 되었다. 이런저런 대화를 나누는 가운데 일행 중의 한 사람인 변호사가 내게 말했다.

"배 강사님, 최 강사님과 같이 일을 즐겁게 하시는 모습을 보니 정말 부럽습니다. 최 강사님이 옆에서 언제나 많이 도와주시죠?"

"네. 그럼요. 옆에서 항상 많이 챙겨주고 도와주죠."

"오늘 강사님 부부를 보니 참 부럽다는 생각이 들었어요. 부부란 살아도 같이 살고 죽어도 같이 죽을 수 있는 전우애가 필요하잖아요. 부부 강사님은 진정한 전우 같아 보이십니다."

그리고는 웃으면서 경례를 덧붙였다.

"두 분 사랑을 위하여 충성!"

변호사의 말과 경례가 끝나자 공감한다는 의미로 주위에서 박수가 쏟아졌다.

아내와 나는 수많은 행사와 강의의 전쟁터를 누빈 최고의 전우다. 전우! 그야말로 총탄과 포탄이 빗발치는 전쟁터에서 생과 사를 같이 하는 나의 편, 아군이다. 아내와 함께 있으면 어떤 적이나 전투도, 산전, 수전, 공중전도 두렵지 않다. 아내는 내가 부족한 곳을 깔끔하고 막강하게 채워주기 때문이다.

작년, 캄보디아 앙코르와트에서 행사 일정을 마치고 밤 12시에 비행기에 탑승했다. 귀국하자마자 오전 9시까지 일산의 행사장에 가야 했다. 그런데 1시간이 지나도 비행기가 이륙을 하지 않았다. 곧이어 안내 방송이 흘러나왔다.

"승객 여러분께 대단히 죄송한 말씀을 드립니다. 저희 비행기가 지금 현재 엔진 고장의 램프 신호가 들어와서 재점검한 다음 이륙하도록 하겠습니다. 불편을 드려 죄송합니다."

결국 새벽에 일산 행사 준비팀에 전화를 걸어 자초지종을 설명했다. 다행히 어쩔 수 없는 상황을 공감하고 이해해주었다. 나는 곧바로 아내에게 전화를 걸었다.

"비행기 고장으로 한국에 지금 못 가. 내일 일산으로 좀 가줘. 너무 죄송해서 그래. 자기가 행사장 가서 이것저것 챙겨주면 좋겠어!"

"알았어. 걱정하지 마!"

그날 아내는 선배의 행사장에서 이모저모 모든 스케줄을 꼼꼼하게 챙겨주고 서포트해주었다고 했다.

"자기야, 나 대신 K선배 행사 도와줘서 고마워. 힘들었지?"

"하하하. 괜찮아. 만약 내가 그런다면 자기도 나를 도와줄 거잖아? 우리는 생사고락을 함께하는 전우니까! 안 그래?"

나는 아내의 말에 더 행복해졌다. 부부는 서로의 편이 되어, 세상의 수많은 풍파에 맞서는 창과 방패가 되어줘야 한다. 사랑이라는 이름으로 끈끈히 엮인 전우로 함께 앞으로 나아가야 한다.

영미 이야기

"두 분은 아직도 사랑하시죠?"

사람들이 가끔 묻는다. 그러면 나는 이렇게 대답한다.

"사랑이요? 우리 부부는 사랑보다 더 깊은 전우애죠."

남편은 내게 전우다. 나는 삶을 전쟁터라고 표현한다. 전쟁터에서 살아남기 위해서는 내 전우가 필요하고, 전우와 잘 지내기 위해서는 전우애가 필요하다. 물론 사랑이라는 마음이 있었기에 결혼을 했고, 지금까지 가정을 유지하고 있다. 하지만 남녀 간의 사랑이라는 감정만으로 살아가기엔 대한민국 부부의 삶이 그렇게 호락호락하지 않다. 15년을 같이 살다 보니 이제는 설레는 느낌보다는 편안함이나 가족애가 훨씬 더 중요해졌다는 말이다.

남편은 언제나 나의 편이다! 나의 아군이 되어주기 위해 노력한다. 시댁에서도 마찬가지다. 몇 년 전 명절, 시댁에 모여 시누이들과 이런저런 얘기를 하다 옷 얘기가 나왔다.

"아가씨, 며칠 전에 오빠가 저한테 예쁜 코트를 한 벌 사줬어요. 아는 언니가 백화점에 있는데 언니가 40% 정도 할인해준다고 해서요."
"와. 얼마짜린데요?"
"음. 할인해서 40만 원 정도?"

우리의 대화를 아버님과 어머님이 지나가시다 들으셨고, 저녁에 우리 부부를 부르셨다.

“너거들 돈 벌어서 다 옷 사 입는 데 쓰나?”

“무슨 말이야, 엄마.”

“아까 말 들어보니 영미한테 비싼 옷 사줬다카대.”

“그거 많이 할인해주신다 해서 처음으로 몇 십만 원짜리 사준 거예요.”

“그래도 그렇지. 그리 비싼 옷을 사 입어도 되나?”

“엄마! 일 때문에 영미랑 나랑 고객들을 많이 만나는데, 영미가 후줄근하게 입고 가면 그 사람들이 행사비를 다 주겠어? 자꾸 싸게 해달라고 조르지. 옷 입고 가는 것도 중요해요. 그리고 영미, 비싼 옷 잘 안 사입어요. 코트니까 오래 입으라고 좋은 거 사준 거죠!”

남편은 부모님께 차근차근 이유를 말씀드렸고, 그 말을 들으신 부모님은 이해해주셨다. 남편은 시댁에서는 언제나 내 편이 되어주었고, 부모님이나 형제들도 그런 남편을 나무라지 않으셨다.

우린 같은 길을 함께 걸어가는 부부, 전우다.

우리 부부는 팔을 크로스 하고 이렇게 외칩니다.

"이번 주도 승리합시다!"

부부도 치열한 생존 경쟁의 전쟁터에서 살아남기 위해선 전우애가 꼭 필요합니다. 생사고락을 함께하는 끈끈한 전우애가 있는 부부는 무너지지도, 결코 쉽게 패배하지도 않습니다.

✽ 3강

당신의 배우자를 하루에 1분은 포근히 안아줘라

열 나라의 사정을 아는 것이 자기 아내를 아는 것보다도 쉽다.
– 유태격언

'일어나자마자, 아침 식사하기 전, 출근 전, 퇴근 후, 자기 전.'

『화성에서 온 남자 금성에서 온 여자』의 저자 존 그레이 박사가 제안한 하루 동안의 포옹 타이밍이다. 행복한 부부 관계를 위해서는 하루 다섯 번은 의무적으로 서로 포옹해야 한다고 한다.

부부가 1분간 포근히 안아주면 충분히 교감을 나눌 수 있다. 교감이 왜 중요할까? 교감은 서로의 체온과 마음을 느끼는 것이다. 상대의 감정을 알아채고 힘을 주고 위로해주기 위해서는 상대에게 늘 관심과 애정을 두어야 한다.

준하 이야기 ....

몇 해 전의 일이다. 어느 날 오후, 사무실에서 일을 하는데 갑자기 '쿵' 소리가 나더니, 사람들의 비명이 들렸다. 10분쯤 후 사이렌 소리가 요란하게 들렸다. 퇴근하다가 경비 아저씨에게 들으니 옆 빌딩에서 인명 사고가 났다고 한다.

"네? 사람이 떨어져 죽었다고요?"

"그러게 말이에요. 지난달에도 우리 빌딩에서 누군가 떨어졌어요. 자주 떨어져요. 그럴 일은 없겠지만 사장님은 절대 나쁜 생각 갖지 마세요."

빌딩을 나오는 내내 뻥하고 구멍이 뚫린 것처럼 가슴 한 구석의 느낌이 없었다. 이날로부터 딱 일주일 전 일이 떠올랐다. 거래처에 영업 전화를 돌려봤지만 행사 일정을 잡기가 무척 힘들었다. 다들 행사나 강의 계획이 없다고들 하니 나로서도 별 뾰족한 수가 없었다. 가만히 숨만 쉬어도 나가야 할 돈은 어김없이 찾아왔다. 결제할 돈, 직원 임금, 사무실 월세, 관리비, 경비, 보험료, 대출 이자…. 하루하루가 걱정이었다. 야윈 내 통장의 잔고를 보면서 내 마음도 함께 야위어갔다.

아내와 직원을 먼저 퇴근시키고 혼자 사무실에 남았다. 모두가 없는 텅

빈 사무실에서 소주를 마셨다. 쓰디 쓴 소주 한 잔이 나의 위안이자 친구가 되어주었다.

'아! 내가 이것밖에 안 되는 인간이구나. 왜 이렇게 초라하고 작지? 여기에서 더 나아질 수는 있을까? 아내를 진짜 행복하게 해줄 수 있을까?'

내 푸념이 흰 화선지의 먹물 자국처럼 삽시간에 나를 휘감았다. 이렇게 생각에 빠져 있는 사이에 취기가 올라왔다. 홀린 듯 자리에서 일어나 창문 쪽으로 걸음을 옮겼다. 창문을 열어 고개를 떨어뜨리고 아래를 내려다봤다. 우리 사무실은 12층이었다. 왠지 손을 뻗으면 땅에 닿을 것 같다는 생각이 들었다.

'뛰어내리면 다시는 올라오지 못하겠지? 여기서 내가 뛰어내리면 모든 것이 끝나는데…. 지금처럼 신경쓸 필요 없고 편안해질 수 있지 않을까!'

순간 모든 것을 놓고 싶다는 생각이 들었다. 나를 속박하고 있는 모든 현실로부터 자유롭고 싶었다. 나도 모르게 내 몸이 난간 밖으로 넘어가고 있었다.

그 찰나에 문득 부모님과 아내 얼굴이 스쳤다. 가슴이 불에 데인 듯 아파왔다. 갑자기 뜨거운 눈물이 두 볼을 타고 흘렀다. 창문 사이로 나간 몸을 다시 끄집어들였다. 차가운 사무실 바닥에 주저앉아 하염없이 눈물을 흘렸다.

'야! 이 얼빠진 놈아. 옹졸한 놈! 정신 나간 놈! 미친놈! 세상은 내가 죽어도 변하는 게 없이 똑같아. 인생 제대로 한 번 살아봐야지. 바보 같은 놈아!'

다음 날 아침, 아내는 내 손을 꼭 잡으면서 이렇게 말해주었다.

"사람은 태어날 때 주먹을 꽉 움켜쥐고 태어나잖아. 그것은 세상이 아무리 어렵고 힘들고 지쳐도 주먹을 꽉 쥐고 다시 일어나라는 거야. 힘내자! 우리!"

아내는 결정적인 순간 나에게 가장 필요한 말을 해주곤 한다. 나이가 한 살 아래인 아내가 가끔 누나 같은 느낌이 들 때도 있다.

영미 이야기 ·

남편은 늘 긍정적이고, 밝고, 잘 웃고, 나에게 예스맨인데!

몇 년 전 남편의 우울증 사건만 생각하면 지금도 가슴이 많이 아프다. 그러나 일이 없으면 나조차도 우울에 빠지는데 남편은 어땠을까?

사람들은 '일이 너무 많아 못 살겠다!'라는 말을 하는데, 우린 일이 많으면 행복해진다. 그러나 이런저런 사회적 이슈로 인해 사람들이 행사를 안 하거나 줄이면 우리의 즐거움도 줄어든다. 그럴 땐 낯빛은 어두워지고 말수도 줄어든다. 폭풍전야다! 중간에 있는 직원은 숨소리조차 내기 힘들다. 입 밖으로 나가는 한마디의 말조차 부드럽지 못하고, 모든 행동이 부정적으로 전달된다. 이럴 때 분위기를 바꾸는 사람은 언제나 남편이다.

"영미야, 매운 오징어 먹으러 갈래?"

"그래, 좋아!"

"오늘은 일찍 퇴근하고 매콤한 걸로 기분 풀자. 우리 영미 좋아하는 음식이니까."

"그러자. 그렇잖아도 먹고 싶었었는데. 세상에, 어떻게 내 맘을 알았어?"

내가 속상하거나 우울해지면 매운 음식을 먹는다는 걸 남편이 알기 때문이다. 스트레스를 받거나 우울한 날엔 닭발이나 매운 오징어를 찾게 되는데, 남편은 귀신같이 내 마음을 잘 알아챘다.

배우자의 분위기를 잘 살피다 보면 현재의 기분을 알 수 있다. 귀찮다고 지나치지 말고, 당신이 알아서 해결하라고 떠넘기지 말고, 같이 해결하고 기분을 바꿀 수 있는 방법을 찾아보자. 부부 사이에 우울함이 비집고 들어 갈 자리는 없을 것이다.

오늘은 남편이 응원하는 야구팀이 경기에 졌다. 남편이 즐기는 맥주에 꼬치구이로 기분을 풀어줘야겠다!

부부 이야기

부부의 마음 날씨도 1년 365일, 매일 맑은 날만 계속 있다면 얼마나 좋을까요? 부부의 마음을 항상 구름 한 점 없는 맑은 날로 만들기란 무척 어렵습니다.

때가 되면 부부에게 권태기가 옵니다. 아무 이유 없이 찾아오기도 하고, 혹은 어떠한 어려움으로 서로에게 애정을 줄 겨를이 없어지기도 하죠. 우울해지고, 무기력해지고, 나태해집니다. 하지만 그럴수록 부부 간의 대화 시간을 가지고 감정을 공유하고, 상대에게 관심을 둬봅시다. 취미 활동을 공유하는 것도 도움이 됩니다.

✲ 4강

걱정을 해서, 걱정이 없어지면, 걱정이 없겠네!

어리석은 자는 아내를 두려워하고 어진 아내는 남편을 공경한다.
– 강태공

한 남자가 있다. 그는 아내와 동반 자살을 결심하고 집의 모든 문을 닫은 뒤 가스 밸브를 돌렸다. 서서히 차오르는 가스 속에서 담배 한 대 물고 라이터를 만지작거리고 있는데 갑자기 아내가 벌떡 일어나 물었다.

"여보, 우리 빚 얼마 남았어?"
"아니, 당신은 곧 죽을 건데 그건 왜 물어 봐? 3억 정도야!"
"여보, 한화로 3억이면 달러로 얼마 정도야?"
"아, 나 원 참. 30만 불 정도 되지!"
"30만 불이면…. 그럼 당신하고 나하고 15만 불짜리밖에 안 돼?"

방바닥에 눈물을 뚝뚝 흘리며 말하는 아내의 말에 정신을 차린 그는 그날 이후 죽기 살기로 일해서 3년 만에 모든 빚을 청산했다.

2017년, MBC 〈휴먼다큐-사람이 좋다〉 방송 프로그램에 출연한 60대 중반의 배우 송민형 부부의 이야기다. 그의 곁에 아내가 없었다면 그와 아내는 벌써 저세상 사람이 되었을 것이다.

만약 지금 힘든 부부가 있다면 '우리 부부는 할 수 있다.'라는 마인드 컨트롤을 하는 것이 정말 중요하다고 생각한다. 걱정하는 배우자에게 '할 수 있어. 그리고 믿어.'라는 말을 해주자. 지금의 난관을 헤쳐나가 걱정의 늪을 벗어날 수 있을 것이다.

준하 이야기

국산차를 타다 보면 외제차가 타고 싶어지고, 소형 아파트에 살다 보면 평수를 넓혀 살아보고 싶어진다. 그러나 살다 보면 그렇게 살기가 쉽지 않다.

신혼은 10평 남짓한 원룸에서 시작했지만, 다행히 이곳저곳에서 불러주신 덕분에 2년 뒤 방이 2개, 3년 뒤에는 방이 3개인 곳으로 옮길 수 있었다. 집이 넓어지면서 살림살이도 늘어났고 행복도 그만큼 커졌다.

이사하는 날, 이삿짐 센터의 한 직원이 30대의 나에게 물어봤다.

"사장님, 나이도 젊어 보이시는데 어떻게 돈을 많이 벌었어요? 집도 좋고, 가재도구도 좋고. 와, 대단하세요. 젊은 나이에 성공하셨네요. 부럽습니다! 하하하."

어깨가 으쓱해졌고, 이런 행복이 끝까지 갈 줄 알았다. 거래처가 늘어나서 대출 이자를 쉽게 상환할 수 있을 거라 생각했는데, 결국 이 생각이 화근이 될 줄은 꿈에도 몰랐다.

2014년 4월. 세월호 사고가 일어났다. 비통한 사고 소식이 전해진 후부터 바로 전국의 행사와 강의 일정 취소와 연기 전화가 빗발치기 시작했다. 엎친 데 덮친 격으로 메르스가 전국을 공포의 먹구름으로 뒤덮었다. 전국을 다니던 우리 부부는 사무실 밖으로 나가는 시간이 점점 줄어들었다.

빼곡했던 다이어리의 일정들이 속속들이 지워지고, 대출 이자가 삽시간에 눈덩이처럼 불어났다. 빚 독촉 전화가 왔다. 결국 내 집 마련의 장밋빛 꿈은 잠시 접고 집을 팔아 다시 전세로 옮겼다. 큰 집에 있다가 작은 집으로 옮긴 후 허탈한 마음이야 이루 말할 수가 없었다. 16채의 집이 따닥따닥 붙어 있는 4층 빌라의 투룸. 이사한 집의 크기가 예전 집 거실보다 작았다. 천장에 물이 고여 얼룩이 져 있고, 주방의 하수구가 고장이 나 싱크대 밑으로 물이 줄줄 새어나왔다.

예전엔 퇴근하면 곧장 집에 들어갔는데 이사한 집에는 일찍 가기가 싫었다. 무엇보다도 아내에게 미안했다. 그런데 아내는 이사를 하고서도 짜증내거나 화를 내지 않았다.

"영미야, 이 집 스트레스 안 받아? 짜증도 안 내고 화도 안 내니 너무 이상해!"

"으응, 우리가 이 집에서 천년만년 평생 살 것도 아닌데, 뭘! 괜찮아!"

“예전 집에 비하면 무지 작잖아. 그래도 괜찮아?”

“자기야, 예전 집 청소하면 하루 종일 걸려. 여기는 작아서 두 시간이면 청소 끝나. 그리고 예전 집에선 둘이 다투면 각자 거실서 자고, 안방서 잤잖아. 여기는 어디 갈 데가 없어. 그러니 각방도 못 써. 우리 사이가 더 좋아졌는데 자기는 왜 그래? 하하하.”

역시 아내는 초긍정 마인드이다. 그래! 얼른 재기해서 이 집을 탈출하자. 언젠가는 그날이 반드시 올 거야.

영미 이야기

남편은 내 긍정적인 마인드 덕분에 고마웠다고 말했지만, 그보다 먼저 무너지는 나를 잡아준 남편이 있었다.

처음 집을 장만할 때, 남편과 나의 계획대로라면 둘의 씀씀이만 줄이고 하던 대로 일하면 큰 무리 없이 살 수 있을 것이라고 생각했다. 하지만 상황은 그렇게 흘러가지 않았다.

돈줄이 막히자 돈맥경화가 일어났다. 처음으로 친정에 손을 벌려 돈을 융통을 해서 썼다. 대출 이자, 생활비, 공과금 그 외 사소하게 나가는 비용들…. 그런 상황들을 남편에게 말하지 않고 처리했다. 이 정도쯤은 남편에게 상의하지 않고도 나 혼자 충분히 해결할 수 있을 것이라고 생각했었다. 친척에게 돈을 빌리기 위해 전화하면, 이런 말을 듣게 됐다.

"남편이 왜 아내에게 이런 일을 겪게 해?"
"배 서방은 이런 상황 알고 있어? 남자가 도대체 왜 그 모양이야?"
"사업하는 친구가 그 정도도 감당 못해?"

이자가 연체되자 이자에 이자가 붙어 빚이 눈덩이처럼 불어나기 시작했다. 밤에 잠이 오지 않았다. 자리에 누우면 내일은 또 어떻게 살아가야 할지 고민만 앞섰다. 각종 공과금과 이자의 독촉장이 날아들기 시작했다. 남편에게 큰 힘이 되고 싶었는데 오히려 짐만 되는 건 아닌지 걱정이 되었다. 내가 아르바이트라도 해서 도움이 되고 싶었는데, 갑자기 행사가 들어오면 남편을 도와 일을 해야 했기에 그 또한 맘대로 되지 않았고, 아무런 능력이 없는 것처럼 보이는 내 자신이 너무너무 싫고 미웠다. 돈으로 인한 스트레스가 쌓이고 자존감도 낮아지니 급기야 우울증까지 겹쳤다.

모든 것에 무기력하고 걸핏하면 화를 냈다. 그 불똥은 남편에게 튀었다. 화풀이를 남편에게 해대기 시작했다. 영문도 모르는 남편은 화를 냈고, 날이 갈수록 상황은 악화되기만 했다. 결국 나는 지금까지 있었던 일을 어느 날 저녁, 부엌 식탁에서 털어놓았다. 한참을 말없이 듣고 있던 그는 무겁게 입을 뗐다.

"왜 진작 말하지 않았어. 그동안 많이 힘들었지?"

남편의 한마디에 왈칵 눈물이 쏟아졌다. 그는 왜 진작 말하지 않았냐며 속상해했다. 화를 내기보다는 나를 이해해주고 안타까워했다. 같이 해결해보자며 시부모님께 도움을 요청했다. 어찌어찌해서 일단 눈앞에 떨어진 불은 해결이 되었다. 너무 고맙고 미안했다.

그때 느낀 게 있다. 무슨 일이든 혼자 해결하려고 해서는 안 된다는 사실이었다. 혼자 고민하는 것보다 둘이 생각하고 고민하는 게 해결책이 더 많아지는 법이다. 남편이 아내를, 아내가 남편을 믿고 의지하는 것이다.

만약 남편이 내 짜증이나 화를 받아주지 않았다면 어떻게 되었을까? 같이 들이받고 싸웠다면 지금쯤은 아마 따로따로 살고 있었을 것이다. 한쪽이 화가 나 있다면 다른 한쪽은 조용히 들어주고 나중에 이유를 묻는 게 서로에 대한 이해와 존중일 것이다.

부부 이야기

"걱정을 해서, 걱정이 없어지면, 걱정이 없겠네."

티베트 속담입니다. 지혜롭죠? 걱정을 너무하지 마세요. 걱정하는 당신이 더 걱정됩니다.

부부 생활에는 많은 역경과 고난, 그리고 어려움들로 인해 수백, 수천, 수만 가지의 걱정거리가 있을 수 있습니다. 그럴수록 서로에게 용기와 격려를 줄 수 있어야 합니다.

만약 배우자가 지금 어떤 걱정 때문에 어깨가 처져 있다면 살짝 안아주시길 바랍니다. 힘과 용기가 몇백 배 생길 것입니다.

✻ 가시밭길을 걸어도 웃으면서

수많은 프로그램에 출연하며 대세를 입증하고 연일 SNS 일상 공개로 부러움을 사는 부부가 있다. 제이슨, 홍현희 부부다. 제이슨은 MBC 〈복면가왕〉에도 출연해 아내에 대한 사랑을 드러냈다. 그는 가면을 벗으며 '부업으로 홍현희 씨 남편 하고 있다.'라고 말해 웃음을 안겼다. 그는 방송 출연 계기를 묻는 MC에게 이렇게 말했다.

"아내가 며칠 전에 큰일을 당했어요. 어떻게 위로를 해줄까 고민하다가 나오게 됐습니다."

그는 바로 얼마 전 부친상을 당한 아내 홍현희를 언급하며 눈시울을 붉혔다. 그는 TV조선 〈아내의 맛〉에서도 이 이야기를 풀어놓다가 말을 잇지 못하는 모습을 보였다. 과거 제이슨은 이렇게 말한 적이 있다.

"이 사람이랑 같이 가면 가시밭길을 걸어도 웃으면서 걸어갈 수 있겠다고 생각했다."

부부라면 기쁨은 물론 슬픔까지 함께 나눠야 한다. 그 어떤 가시밭길이라도 함께 헤쳐나가야 한다.

✲ 5강

순간의 인내가 긴 행복을 만든다

아내의 인내만큼 아내의 명예가 되는 것이 없고,
남편의 인내만큼 남편의 명예가 되는 것은 없다.
– 유럽 격언

세계 최장수 부부로 기네스북에 오른 사람들은 누구일까? 마사오 할아버지와 미야코 할머니다. 이 부부의 나이를 합하면 무려 208세이다. 그러나 약 80년, 긴 세월 동안의 결혼 생활은 순탄치 않았다. 너무 가난해서 결혼식도 제대로 올리지 못했고, 남편은 곧 전쟁터에 끌려갔다. 무사히 귀환했지만 곧 싱가포르로 일을 가야 했다. 한 기자가 인터뷰를 했다.

"할머니, 82년이나 결혼 생활을 유지하셨어요. 그 비결이 뭔가요?"

"힘들었죠. 제가 오랜 시간 동안 결혼을 유지한 건 인내심 때문이에요. 앞으로 더 좋은 날이 언젠가는 올 거라고 믿었기 때문이에요."

부부 생활에서 가장 큰 미덕은 인내다. 힘들고 어려운 상황이 닥치더라도, 부부 사이에 갈등이 생기더라도 참고 견뎌내는 인내심이 필요하다.

준하 이야기

몇 달 전의 일이다. 강의 일정이 끝나고 담당자에게 결제금 확인을 위해 견적서를 보냈다. 견적서를 보낸 후 아내와 점심을 같이 하기 위해 식당에서 만났다. 식당에 들어서서 나는 떡라면을 주문했다. 아내가 물었다.

"견적서는 보냈지? 수고했어. 추가 금액도 기재해서 보냈지?"

순간 추가금을 깜빡하고 보내지 않았다는 걸 알았다.

"아. 참! 그걸 안 보냈네. 점심 먹고 보낼게. 지금 점심시간이니까 이메일 확인 안 할 거야."

"안 돼! 추가 금액도 합산해서 같이 보내야지. 결제금은 예민한 부분인데 실수로 빠뜨렸다고 하면 큰 실례지. 얼른 다시 보내고 와."

"점심 먹고 보낼게. 지금 사무실 갔다 오면 라면 다 퍼진단 말이야. 떡라면이라 더 잘 퍼진다고."(사실 나는 결제금보다는 떡라면이 더 간절했다.)

"갔다 와. 주문이 밀려서 괜찮아."

아내의 옥타브가 살짝 높아지기 시작했다. 이대로 내가 버틴다면 한바탕의 대전이 시작되는 건 뻔하다.

'점심 먹고 보내면 되는 걸 가지고 너무하네. 라면 다 퍼지겠어. 하필 떡라면인데 다 퍼져서 완전히 떡 먹겠네.'

결국 화를 억누르며 사무실에서 견적서를 수정하고 있는데 아내에게 문자 메시지가 왔다.

'발송 취소만 하고 와서 점심 먹어.'

가라고 할 땐 언제고 이제 와서 오라고 하니 왠지 오기가 더 생겼다. 견적서를 끝까지 작성해서 이메일로 보냈다.

'분명히 떡이 됐을 거야. 화내면서 다른 음식을 주문할까? 퍼진 떡을 우격다짐으로 먹을까?'

식당에 도착하자 테이블 위에는 주문한 떡라면 그릇이 보였고, 아내는 반대쪽에서 식사하고 있었다. 나는 전투 태세를 갖추고 라면 앞으로 서서히 다가갔다.
아내 앞에 거의 다다랐을 즈음 한마디 하려는데 아내가 아무 일도 없었다는 듯 미소를 지으며 말을 꺼냈다.

“어? 왔네? 수고했어. 라면 한 젓가락 먹었는데 안 퍼졌더라. 먹을 만해. 먹어 봐.”

“오우? 그래? 천만다행이다. 맛있어 보인다. 하하하.”

내 의지와 상관없는 멘트가 입에서 자동으로 흘러나왔다. 만약 내가 그녀와 눈을 마주쳤을 때 화를 냈다면 언쟁이 시작되었을 것이다. 순간의 인내가 긴 여운의 행복을 만든다.

영미 이야기

아주 오래전 행사를 마친 후 비용에 관해 견적서를 가지고 고객과 미팅을 한 적이 있었다. 미팅 중 담당자가 나를 한심한 듯 바라보며 한마디를 던졌다.

“금액을 표기할 땐 콤마를 쓰셔야죠. 마침표를 쓰시면 어떡합니까!”

아! 할 말이 없었다. 난 쥐구멍이라도 찾아서 들어가고 싶었다.

‘일 잘하고 나서 사소한 걸로 무시를 당하다니….’

사무실에 있는 직원의 목을 조르고 싶을 지경이었다. 그 일 때문인지 다른 서류는 몰라도 비용이 적힌 견적서 관련해서는 신경을 쓰게 되었다.

그런데 남편이 실수를 한 것이다. 라면이 불어터질 수도 있었지만 잘못된 견적서를 고객이 보는 것이 더 신경쓰였다. 못마땅한 표정의 남편을 닦달해 메일을 다시 보냈다. 남편에게 한마디 하고 싶었지만 그날 불어가는 남편 몫의 떡라면을 보며 문득 이런 생각이 들었다.

'라면은 불기 전에 먹어야 가장 맛있게 먹을 수 있는데.'

그날 도끼눈을 뜨고 라면집 문을 열고 들어오는 남편의 모습을 보며 든 생각은 지금 빨리 화해를 해야겠다는 생각이었다. 상황은 놓아두면 더 커지는 법이니까.

부부는 오랜 세월을 함께 한다. 인생의 2/3는 배우자와 함께 지내야 한다. 부부의 시간 속에 힘들고, 괴롭고, 어려운 일들이 닥칠 수밖에 없다. 그런 악조건 상황에서도 인내하고 또 인내를 해야 한다.

당신이 주말을 맞아 가족과 함께 교외로 나갔다고 가정해봅시다. 설렘과 즐거움을 가득 실은 차가 고속도로 위를 거침없이 달리고 있습니다. 한참을 달리다 전방을 보니 차들이 멈춰 있습니다. 이 속도로 달리면 앞차와 부딪혀 대형사고가 일어나는 건 불 보듯 뻔한 일이죠. 당신은 브레이크를 밟아 속도를 줄이겠습니까? 아니면 지금의 빠른 속도로 돌진하여 대형 사고를 만들겠습니까?

속도를 줄여 사고를 미리 막는 안전장치인 브레이크처럼, 부부간의 싸움을 미연에 막을 수 있는 안전한 키워드는 '인내'입니다.

갈등이 고조되었을 때 누군가 한 사람이 템포를 조절한다면 이처럼 지혜롭게 극복할 수 있습니다. 화가 날 때, 딱 3초만 눈을 감고, 심호흡을 한 다음, 화를 한 번 멈춰보세요.

✻ 6강

나는 당신을 여왕처럼, 당신은 나를 왕처럼!

결혼은 남녀가 서로 즐기기 위해 만들어낸 것이 아니라,
창조하고 건설하기 위해 만들어낸 결합이다.
– 알랭

"내가 할 일은 첫째도, 둘째도, 그리고 마지막도 결코 여왕을 실망시키지 않는 것이다."

2017년, 여왕 엘리자베스 2세와 그녀의 남편 필립공이 결혼 70주년을 맞이했다. 매주 한 번도 빠지지 않고 여왕에게 꽃다발을 보내 애정을 표현했고, 늘 여왕의 곁을 지켰다.

세상의 모든 남편들에게 아내들은 여왕이다. 아내들에게도 모든 남편들은 왕이다. 상대를 왕처럼, 여왕처럼 모신다는 것은 상대를 존중한다는 뜻이다. 존중의 마음 밑바탕에는 '신뢰'가 있다. 서로를 우선으로, 상대의 입장을 생각하는 부부 사이의 신뢰가 존중의 마음을 만들 수 있다.

준하 이야기

아내를 여왕처럼 받들며 살아야 된다. 아내를 먼저 생각해야 한다. 그러나 그렇게 사는 게 참 쉽지 않다.

어느 일요일 저녁이었다. 아내는 안방에서 TV로 드라마를 보고 있었다. 저녁식사 메뉴는 라면이었다. 나는 허기가 져서 아내 몫까지 라면 3개를 끓였다.

"자기야!"

젓가락으로 김이 나는 면발을 들면서 아내를 불렀다. 그런데 아내는 반응이 없었다.

'좀 이따 오겠지. TV보는데 방해 말자.'

한참 먹다가 다시 한 번 불렀는데 또 대답이 없었다. 그렇게 먹다 보니 어느새 냄비가 바닥을 드러내고 말았다. 그때 안방 문이 열리더니 아내가 주방으로 들어왔다. 허기가 져 다크서클까지 생긴 아내가 말했다.

“아, 배고파. 라면은?”

“다 먹었지.”

“뭐? 언제 다 먹었어! 자기 혼자 다 먹고!”

성화요원(星火燿原), 아주 작은 불씨가 큰 들판을 태운다는 말처럼 작은 언쟁이 팽팽한 대치국면으로 이어졌다. 아내는 분한 마음을 안고 안방 문을 ‘쿵’ 닫고 들어갔다. 이후 아내는 두문불출이었다.

‘저녁도 안 먹고, 이 시간 동안 나오지도 않고…. 그냥 자나?’

이런 생각을 할 때쯤 아내가 거실로 나왔다. 주방으로 가더니 냉장고 문을 활짝 열었다. 그런데 어! 저게 뭐지? 자세히 보니 소주병이었다. 뭐? 소주? 아내는 소주를 왼손에, 김치통은 오른손에 들고 안방으로 다시 들어갔다. 아내는 술을 못 마신다. 소주 3잔이면 거의 치사량 수준이다.

걱정이 되었다. 거실에서 걱정으로 잠을 설치면서도 안방을 예의 주시했다. 다음 날 아침. 집을 나와 주차장을 지나 골목으로 나오다 집 건물을 문득 보니 안방 창문 밑으로 무언가 시뻘건 것이 흐른 자국이 있었다. 가까이 가서 보니 토한 흔적이었다. 밤새 김치를 안주 삼아 소주를 마신 아내가 창문 밖으로 토했던 것이다.

출근이 바빠 발길을 서둘렀지만 하루 종일 마음이 아팠다. 불러서 오지 않으면 직접 가서 말했으면 됐을걸. 나도 너무 배가 고프니 아내의 입장을 생각하지 못하고 내 위주로 판단해버린 것이다. 퇴근하고 돌아오는 길에 숙취 해소제와 콩나물을 샀다. 문을 열기 전 심호흡을 하고 손잡이를 잡아 돌렸다.

"마님! 해장하시죠!"

저쪽에서 아직까지 눈이 퀭한 아내가 얼굴을 빼끔 내밀었다. 우리는 잠시 서로를 바라보다가 웃음을 터트렸다.

영미 이야기

결혼 생활을 평탄하게 유지할 수 있는 조건은 어떤 것들이 있을까? 사랑, 인내, 소통, 행복, 인정, 칭찬 등 무수히 많은 단어들이 떠오를 것이다. 하지만 무엇보다 상대의 입장에서 생각하는 게 제일이 아닐까?

결혼 4개월쯤, 남편은 레크리에이션 강사만 하면 한계가 있으니 음향기기도 함께 구입해서 행사의 양을 늘리자고 제안했다. 장비를 구입하고 나니 그것을 싣고 다닐 차가 필요했다. 오랜 고민 끝에 음향장비를 싣고 다닐 승합차를 중고로 구매하였다. 우리에게 첫 빚이 발생한 것이다.

문제는 예기치 않는 곳에서 터졌다. 중고로 구입한 승합차를 정비하기 위해 카센터에 간 남편에게 전화가 왔다.

"영미야, 나 카센터인데 여기 좋은 차가 있어서 그 차로 바꿨어."

그는 마치 통보하듯 소식을 알려왔다.

"뭐라고? 나랑 상의도 없이?"

함께 살면서 상의도 없이 차를 바꾸다니! 심지어 더 비싼 차라 추가 대출을 받아서 구매를 했다는 것이었다. 어이가 없었다. 화가 끝까지 치밀었다. 그날 난 후배를 불러내 소주 2병이나 병나발을 불었다.

아침에 깨질 것 같은 머리를 부여잡고 간신히 몸을 일으켰다. 쩔쩔매며 서 있는 남편이 보였다.

"영미야, 속 괜찮아? 술도 못 마시면서 왜 그랬어?"

"시끄러우니까 나가. 꼴도 보기 싫어! 혼자 생각하고 혼자 결정하는데 나 필요 없겠네. 앞으로 모든 일 처리는 혼자 알아서 해."

그날 저녁. 울렁거리는 속도 진정이 되고 두통도 어느 정도 없어지니 문득 새로 산 차가 궁금해졌다. 나는 옷을 갈아입고 주차장으로 내려갔다.

차를 보는 순간, 남편을 이해할 수 있었다. 과연 눈이 휘둥그래졌다. 비록 중고차이긴 했으나 관리를 얼마나 잘했는지 새 차 같았다. 검정색 튜닝이 된 승합차는 내가 봐도 멋졌다. 저런 차라면 아주 멋지게 끌고 다니며 일할 맛이 날 것 같았다.

"자기야! 차가 멋지네."
"그렇지? 정말 멋지지? 차를 보는 순간 마음이 조급해지더라. 물론 자기한테 전화해서 먼저 알리고 상의 후에 결정했어야 하는 게 맞지."
"그래. 아무리 급해도 1분 정도의 여유는 있었을 거 아냐. 이번엔 넘어가지만 다음엔 정말 용서 없다."
"알았어. 고마워! 그래도 차는 멋지지?"

부부에게 가장 중요한 건 소통이다. 소통이 잘되면 행복하지만 소통이 안 되면 불행해진다.

배우자의 말을 귀담아 들어주고 이해해준다면 소통이 안 되어 싸우거나 서로를 증오하는 일은 발생하지 않을 것이다. 말하기 전에 먼저 상대의 말에 귀기울여주는 습관을 만들어보자.

세계적인 베스트셀러 작가인 스티븐 코비의 『성공하는 사람들의 7가지 습관』에 보면 감정은행계좌(Emotional Bank Account)라는 말이 나옵니다. 인간관계의 '신뢰 정도'를 표현한 것입니다. 감정은행의 부자가 되는 방법 다섯 가지가 있습니다.

1. 항상 친절하라.
2. 약속을 지켜라.
3. 의리를 지켜라.
4. 기대를 충족시켜라
5. 잘못에 대해 사과해라.

지금 우리 부부의 감정 은행통장에는 현재 얼마만큼 예금이 되어 있나요? 지금 당신 부부가 마음의 부자(富者)라면 왕과 왕비입니다. 그러나 마음의 빈자(貧者)라면 하인과 하녀입니다.

부부는 서로 존중해야 한다.
서로의 자존감을 높여주고,
수많은 결함을 덮어주며,
서로 칭찬하는 관계여야 한다.
– 제임스 돕슨

"당신을 위해
내가 해줄 수 있는 일이 무엇일까?"

제 2 주 제

소통을 잘해야 행복한 부부

"한마디 말, 한순간 표정을 놓치지 마세요!"

부부 생활은 길고 긴 대화 같은 것이다.

- 니체

✻ 7강

서로가 행복한 부부의 조건은?

결혼은 상대를 이해하는 극한점이다.
–『팔만대장경』

"부부는 살면서 서로 대접받길 원해요. 남편은 왕자 대접받고 싶고, 아내는 공주 대접받고 싶어 하죠. 상대를 하인처럼 대하면 나는 하녀가 되고, 상대를 하녀처럼 대하면 내가 하인이 돼요. 그러나 공주처럼 대하면 왕자가 되고, 왕자처럼 대하면 공주가 되죠. 상대를 낮춤으로써 내가 올라가는 것이 아니라, 상대를 올려줌으로써 나도 함께 올라가는 거예요."

션 · 정혜영 부부가 SBS 〈힐링캠프〉에서 공개한 결혼 생활을 하는 동안 싸우지 않을 수 있었던 비법이다.

부부 중 한 사람만 하인이 될 수는 없다. 부부는 동반자이기 때문이다. 공주와 왕자가 되어 어느 한쪽이 일방적으로 의존하거나 기울지 않도록 서로 소통하며 존중하고 성장해나가는 것이 행복한 부부의 조건이다.

준하 이야기

어릴 적, 어머니께서는 이렇게 말씀하셨다.

"남자라고 여자를 얕보지 마래이. 남자고 여자고 다 똑같다. 남자도 부엌일 해야 되고 여자도 밭일을 해야 된대이."

여자와 남자는 어느 한쪽이 열등하거나 잘나지 않았다. 그러므로 부부는 서로 소통하며 필요한 이야기를 주고받으면서 동등한 사람으로서 존중해야 한다.

우리 부부는 전문대학교를 졸업하고 늦은 나이에 편입하여 학사 졸업을 하고 석사학위를 받고 또, 박사과정을 수료했다.

아내가 30대의 만학도로 전문대학을 다닐 때 나는 편입을 제안했고, 아내는 나와 일하면서 4년제 학사를 졸업했다. 나는 석사 4학기를 다니며 아내에게 석사 공부를 제안했다. 그리고 내가 박사학위를 수료할 때쯤 아내에게 박사과정을 제안했다.

공부에 조금 지친 듯, 아내는 한동안 고개를 절레절레 저으며 말했다.

"어휴, 공부 그만할래. 힘들단 말이야. 난 석사학위까지만 할게."

"그래도 박사과정 힘들지만 도전해보자."

나는 끝까지 설득했다. 상의 끝에 지금 아내는 내가 다녔던 홍익대학교 대학원 박사과정에서 박사가 되기 위해 열심히 공부하고 있다.

부부는 서로 성장할 수 있는 관계가 되어야 한다. 그러려면 한쪽이 일방적으로 끌고 가거나 한쪽이 의존해서는 안 된다. 지칠 때는 응원도 하고 격려도 해줘야 한다. 부부는 데칼코마니(decalcomanie)처럼 항상 동등한 에너지로 소통해야 한다.

영미 이야기 ································

내가 박사과정에 도전하기까지 남편의 응원과 도움이 컸다. 난 계획을 잡고 실행하기까지 오랜 시간이 걸리지만, 남편은 계획과 동시에 실행에 돌입한다. 전문대졸이었던 내게 편입을 권유하고, 모든 정보를 취합하고, 서류를 준비하고, 제출하고, 응원하는 것까지 모두 남편이 힘을 써주었다.

공부뿐만이 아니었다. 내가 마이크를 잡게 된 것도 남편 덕이었다. 한 자원봉사센터에서 무료 봉사로 사회자 요청이 들어왔는데 남편에게는 이미 다른 일정이 잡혀 있는 상태였다. 그때 남편이 내게 그 일에 도전해보기를 권했다. 평소 남편이 행사하는 모습을 많이 봐왔기 때문에 할 수 있겠다는 생각이 들었다. 행사가 끝난 뒤에는 기관장에게 칭찬까지 들었다.

그 후 어느 날, 우리나라에서 우수한 인재들이 모여 있는 곳으로 유명한 기관에서 레크리에이션 요청이 들어왔다. 남편은 내 프로필을 들이밀었다. 남편은 지금도 행사가 겹치거나 사회자가 필요하다는 요청이 들어오면 무조건 내 프로필을 보내곤 한다.

남편은 나를 인생의 꿈을 함께 만들고 실행해가는 동반자로 생각을 한다. 행사나 강의 요청이 들어오면 같이 자료를 찾고 회의를 하면서 준비한다. 일뿐만이 아닌 집안일, 취미, 쇼핑, 시댁, 친정일, 친구에 관한 모든 걸 함께 공유하고, 문제가 있으면 함께 해결하기 위해 우리 부부는 늘 대화를 하고 해결책을 찾아간다.

서로의 단점을 보완해주고 장점은 살려주는 게 부부다. 남편은 내 인생 최고의 컨설턴트다.

부부 이야기

"나는 남편에게 덕이 되는 일을 해보겠다. 난 아내에게 도움이 되는 남편이 되겠다. 이렇게 상대를 중심에 놓고 세상을 사는 게 행복한 결혼이다." – 법륜 스님

'상대를 위해 내가 해줄 수 있는 일이 무엇일까?'

평범해 보이는 이 질문을 하면서 사는 부부가 얼마나 될까요? 상대방을 인생의 동반자라고 생각한다면 나의 새로운 인격의 동등한 친구라고 여기세요. 부부란 서로를 성장시킬 수 있을 때 진정 아름다운 게 아닐까요?

✻ 8강

좋은 습관은 나누고, 나쁜 버릇은 되도록 버립시다!

부부가 진정으로 서로 사랑하고 있으면 칼날 폭만큼의 침대에서도 잠잘 수 있지만
서로 반목하기 시작하면, 십 미터나 폭이 넓은 침대로도 너무 좁아진다.
—『탈무드』

'처복 넘치는 남자' 이윤석이 부러움을 받고 있다. 채널A 〈아빠 본색〉에서 이윤석은 전날 술을 마시고 괴로워하는 모습을 보여줬다. 아내 김수경은 그런 남편에게 해장국을 끓여 식사를 차리고, 근육통과 두통을 해소할 수 있는 마사지를 해줬다.

"고맙네. 우리나라에 술 마신 다음 날 해장국 얻어먹는 남편 나밖에 없을걸."

이윤석은 큰 리액션과 함께 맛있게 먹으며 고마움을 표시했다. 게다가 이윤석은 술만 취하면 술값을 다 계산하며 '골든벨'을 울리는 버릇이 있다는데, 그 버릇도 아내를 만나서 많이 고쳤다고 한다.

살다 보면 배우자의 안 좋은 점, 나쁜 버릇이 보이기 마련이다. 좋은 습관은 금상첨화이지만, 나쁜 버릇은 설상가상이다. 좋은 습관은 서로 나누고, 나쁜 버릇은 서로 격려하며 고쳐나가면 좋지 않을까?

준하 이야기 

아내가 항상 나에게 바꿨으면 좋겠다고 말하는 습관이 두 가지 있다. 첫째는 식사를 빨리하는 것. 둘째는 양말을 뒤집어두는 것이다.

20대에 상경 후의 서울 생활은 항상 배고픈 보릿고개였다. 그러다 운 좋은 날에 공짜 밥이라도 얻어먹게 되면 허겁지겁 먹곤 했다. 이 버릇이 남아 밥을 급하게 먹게 되었다.

갈비탕 집에 가면 이런 풍경이 펼쳐진다. 아내는 뼈에 붙은 살을 발라 놓고 여유롭게 먹는 스타일이다. 그런 반면 나는 음식이 나오자마자 무섭게 달려들어 입속으로 퍼넣기 바쁘다. 그러다 보면 아내가 밥을 먹으려고 수저를 뜰 때 난 이미 뚝배기 그릇을 받침에 걸쳐놓게 된다. 아내는 내게 매번 식사를 천천히 하라고 속도를 늦춰줄 것을 청했다.

"자기가 매번 밥을 빨리 먹으니까, 내가 속도를 맞추다 보니 체하잖아. 제발 밥 좀 천천히 먹어."

고심 끝에 나는 밥그릇을 다 비웠어도 젓가락으로 반찬이라도 조금씩 먹으며 아내가 다 먹을 때까지 박자를 맞춰주게 되었다. 버릇을 완전히 고치지 못하더라도 아내에게 최대한 맞춰주려고 한다.

또, 평생을 고치지 못했던 습관이 양말을 뒤집어 벗어놓는 것이다.

"자기, 제발 양말 좀 뒤집지 마! 아, 세탁기 넣을 때 내가 다시 뒤집어야 된다고! 퀴퀴하고 쉰 냄새 나는 양말 다시 뒤집는 거, 그게 얼마나 불쾌한지 알아?"

아내의 목멘 하소연에도 불구하고 내 나쁜 버릇은 잘 고쳐지지 않았다. 천지개벽이 아니고선 하루아침에 습관을 바꿀 수가 없었다. 그런데 어느 날부터인가, 아내는 뒤집힌 양말을 빨래한 후 뒤집지 않고 그대로 내게 주기 시작했다. 도리어 내가 불편했다. 내가 뒤집어놓은 양말을 다시 뒤집어 신어야만 했다. 반면 아내는 나의 나쁜 버릇에 고통 받지 않게 되었다. 하루는 어머니가 아내에게 물어보셨다.

"준하는 아직도 양말 뒤집어 넣제? 못 고쳤제? 지 버릇 남 주겠나?"

"네. 어머니. 저는 뒤집힌 양말을 그대로 준하 씨한테 주니까. 본인이 뒤집어서 잘 신고 다니던데요."

"맞나? 고것 참 잘 했데이. 하하하."

부부의 삶에는 지혜가 꼭 필요하다.

영미 이야기 ························

사실, 남편이 고쳤으면 하는 습관은 두 가지 외에도 몇 가지가 더 있다.

남편은 잘 때 이불을 돌돌 말고 자는 습관이 있다. 잠자리에 들기 전엔 한 이불을 같이 덮고 있었는데, 자다가 추워서 눈을 떠보면 이불이 모두 남편 쪽으로 말려 있고, 난 이불의 끝자락만 잡고 자고 있는 경우가 허다했다. 너무 돌돌 말고 있어서 잡아당기는 것조차 힘이 부칠 때가 많았다.

"제발 이불 좀 제대로 덮고 자자. 응?"
"알았어. 미안. 미안."

이야기를 해도 그때뿐이었다. 결국, 우리 침대에는 두 개의 이불이 올라와 있다. 이불을 각각 덮고 잔 이후로 자다가 일어나서 남편에게 투덜거리는 일은 없어졌다. 물론, 남편도 편히 이불을 말고 잔다.

그렇다면 나에게는 어떤 습관이 있지? 공기를 오염시키는 아주 나쁜 습관이 있다. 방귀가 잦은 편이다. 특히 집에서는 더욱 심하다. 소리만 나면 괜찮지만 소리 없이 나오는 방귀는 집안의 공기를 탁하다 못해 오염시키는 수준이 된다. 그러나 남편은 아무렇지 않게 대한다.

"냄새가 안 좋은 걸 보니 속이 더부룩한가 보네. 소화제 줄까?"

"하하하. 아니. 소화는 잘 되는데."

"다행이네. 난 괜찮으니까 아무 때나 편하게 뿡뿡 뀌어."

이렇게 나에게도 고치지 못하는 습관이 있다. 그러니 남편에게 자꾸만 고치라고 강요할 수는 없었다. 오래된 습관이나 버릇은 쉽게 고쳐지지 않는다. 고치려고 하면 갈등만 생길 뿐이다. 상대방이 바뀌길 바란다면 나부터 바꾸는 게 현명한 일이지 않을까? 사는 데 있어서 크게 피해를 주는 게 아니라, 그냥 내가 조금 보기 싫고 불편한 정도라면 다른 방법을 찾을 수도 있지 않을까? 받아들일 수 있는 습관은 받아들이고 그렇지 못하다면 배우자의 습관을 애교 정도로 봐주면 어떨까?

만약 배우자가 싫어하는 습관이 있다면 사소하더라도 고치려고 노력을 해봐야 됩니다. 물론 습관을 바꾸는 건 어려운 일입니다. 나도 어려운데 그 어려운 걸 배우자에게 강요한다면 이루어질까요?

반대로 배우자의 단점, 허물, 나쁜 버릇이 보인다면 먼저 이해하려는 마음을 가져봅시다. 이 또한 그 삶의 방식을 존중하는 방법입니다. 서로 스트레스 받지 않고 웃으며 인정할 대안이 있을 거라고 확신합니다.

✻ 9강

가는 말이 고우면 오는 말은 아름답다!

남편의 사랑이 지극할 때 아내의 소망은 조그마하다.
– 안톤 체호프

장준환 · 문소리 부부는 영화감독, 배우 부부로 유명하다. JTBC 〈방구석 1열〉에서 MC가 문소리에게 물었다.

"두 분은 서로에게 항상 높임 표현을 쓰시던데, 늘 그러시나요?"

"늘 그래요."

"사귈 때 사람들에게 들키지 않으려고 '소리 씨', '감독님' 하다 보니 지금도 입에 익었어요."

그러면서 '언짢은 이야기를 할 때는 더 존댓말을 쓴다.'라고 밝혔다. 그들이 존댓말을 하게 된 계기는 대단하지 않다. 그러나 존댓말의 효과는 대단하다. 존댓말이 가면 존댓말이 온다. 가는 말이 고우면 오는 말은 당연히 곱다. 반말과 존댓말만큼의 한끗 차이가 소통의 질을 결정한다.

준하 이야기

대학교 선배 K가 있다. 그는 30대 중반에 한 여자를 만나 결혼했다. 그녀는 국방부에 근무하는 군인이었다. 무려 중령님! 신혼 생활 재미가 어떠냐고 묻자 부부 간에 무조건 서로 존댓말을 쓴다고 했다. 심지어 부부 관계 전에도 이렇게 말한다고 한다.

"제가 모든 준비 다 되었는데 침대에 올라가도 될까요?"

정말로 원더풀 커플이다. 그러다 보니 다툰 적도 없고, 기 싸움도 할 필요가 없어 도리어 너무 편하다고 했다. 그렇게 서로 존중하고 배려하고 이해하며 잘 산다고 하니 나도 기분이 좋아졌다. 지금 어떻게 사냐고? 지금은 여군 '대령님'을 모시고 잘 산다.

호칭은 존중을 담을 수 있다. 나는 택시 기사, 버스 운전기사, 택배 기사, 구두 수선, 경비, 중국집 배달원까지 무조건 아버님, 선생님, 어머님, 여사님이라 호칭한다.

사람들 중에는 우리가 부부가 아니라 직장 동료인 줄 아는 사람들도 많다. 우리 부부도 공적인 자리에서는 서로 존댓말을 사용하기 때문이다. 공식 석상에서 서로 말을 함부로 낮추어 사용하면 상대도 우리를 낮춰 볼 수 있기 때문이다. 통화 상에서도 존댓말을 쓰냐 안 쓰냐로 공적인 내용인지 사적인 내용인지 바로 판별할 수 있다.

존댓말은 존중과 존경의 표현이다. 다른 사람들에게는 잘만 하는 존댓말, 부부 사이에서도 써보자. 존댓말을 하다 보면 어느 순간 진짜 존중하는 마음도 생기는 법이다.

영미 이야기

남편과 나는 여러 모임에 나가고 있다. 단체에 소속된 모임, 친목 모임, 비즈니스 모임, 동문 모임 등 다양하다.

얼마 전 그 많은 모임 중 하나를 정리했다. 부부 모임 중 아내들만의 모임이었는데, 나이가 많은 분, 어린 사람, 동갑내기까지 있었다. 다른 모임과는 달리 언니, 동생으로 분류가 되었고, 자연스레 말도 편해지기 시작했다. 반말에 가끔은 욕이 섞이기까지 했다.

난 그런 분위기가 불편했다. 반말을 하더라도 상대를 존중하는 마음이 있다면 거부감이 없을 텐데 말투 속에 무시하는 듯한 기운이 감돌았기 때문이다. 고민하던 끝에 모임에서 탈퇴를 했다.

부부 관계도 마찬가지다. 제일 가까운 사이가 부부이지만 가장 먼 사이도 부부가 될 수 있다. 우리 부부는 외부에서 절대 말을 놓지 않는다. 편하게 말을 놓고 대화할 때는 단 둘이 있을 때다. 내가 남편에게 반말을 하면 다른 사람들도 남편을 가볍게 생각할 뿐 아니라 무시를 할 수도 있다는 생각이 들었기 때문이다. 결혼 초 남편이 나에게 부탁을 한 가지 했었다.

"영미야, 밖에서는 많은 사람들을 만나니까 나에게 존대를 해줄래? 그게 보기도 좋고, 사람들도 우리를 무시하지 않으니까. 서로 반말하는 건 좀 그렇잖아."

"그래, 좋아. 그게 뭐 어렵다고."

그 이후 우린 약속을 지키기 위해 노력했다. 가는 말이 고와야 오는 말도 곱고, 내가 존경을 해주면 상대방도 나를 존경하는 마음으로 대할 것이다. 부부는 가까우면서 먼 사이다. 그렇기에 사소한 말 한마디에 상처를 받기 쉽다. 그러니 진담이든 농담이든, 한마디 한마디에 애정을 담아서 전하자.

부부 이야기

본인이 배우자에게 "야.", "어이." 이렇게 부르면, 상대 배우자의 이름은 "야.", "어이."가 됩니다. 본인이 배우자에 대한 존중심이 없으면 배우자도 존중의 마음을 갖지 않습니다. 다른 사람들도 마찬가지입니다.

'여보(如寶)'는 '보배와 같다'라는 뜻이고, '당신(當身)'은 '당연한 내 몸'이란 뜻이고, '자기(自己)'는 '나와 같은 너. 내 아바타' 란 의미입니다. 참 근사하고 아름다운 말입니다.

말은 의미를 담는 그릇입니다. 사랑스러운 호칭을 쓰고, 짧은 대화더라도 경어를 써보세요. 존중은 쉽게 전파됩니다.

✻ 10강

칭찬은 배우자도 춤추게 한다

인간은 칭찬을 갈망하며 사는 동물이다.
– 윌리엄 제임스

"사소한 것에도 잘했다고 칭찬해주는 것, 이 또한 부창부수다."

– KBS 〈인간극장〉

전남 영광에 사는 강정순 · 강금선 부부는 이상적인 부부의 모습을 보여줬다. 장사를 하고 온 아내에게 남편은 "첫날 치고는 장사 잘했네." 하고 격려해주고, 집에서 악기를 만들고 있었던 남편에게 아내는 "예쁘다. 너무 예쁘다." 하고 칭찬을 아끼지 않는다.

부부의 칭찬은 배우자에 대한 응원과 격려 메시지이며, 신뢰에 대한 긍정의 힘이다. 작은 것에도 칭찬을 하고 감사하는 마음을 가져보고 실천해보자. 부부는 칭찬만으로도 더 존중하고 신뢰할 수 있는 관계로 이어질 수 있다.

준하 이야기

돌고래 쇼를 본 적이 있는가? 여러 마리의 돌고래들이 조련사 지시에 따라 갖가지 묘기를 보여주는데 정말 신기했다. 언어 소통이 전혀 안 되는 동물을 훈련시켜 멋진 묘기와 기술을 선보인다는 자체가 경이로웠다.

묘기를 선보일 때마다 조련사는 허리에 찬 보조 가방 안에 들어있는 정어리를 꺼내주면서 머리를 쓰다듬어주었다. 이 광경을 보면서 '칭찬은 고래도 춤추게 한다'는 말이 맞다고 생각했다.

어릴 적 부모님과 할매는 칭찬의 대가셨고 난 칭찬을 많이 받고 자랐다. 부모님과 할매는 논농사, 밭농사로 하루 온종일 밖에서 일하셨다. 초등학생일 때 감자, 옥수수, 땅콩을 큰 냄비에 삶아 새참을 만들어 논으로 향했다. 내가 준비한 새참을 맛있게 드신 할매는 칭찬을 하였다. 집 청소를 해도, 공부를 잘해도, 집안 제사에 절을 하더라도 칭찬을 하셨다.

"아이고, 기특하데이. 고맙데이. 우리 손자."
"우리 손자. 절도 잘한데이."

아내 역시 칭찬의 대가다. 강의나 행사 진행을 잘하거나, 수주하거나,

미팅을 잘 하거나, 집안일을 함께 할 때면 아내의 칭찬 퍼레이드가 이어진다.

"와, 우리 배준하 씨! 역시 최고!"
"자기는 늘 대단해!"
"최고야!"

아내 칭찬에 힘이 나고, 응원이 되고, 또 더 잘 해야겠다는 마음가짐도 생기게 된다.

부부 간 칭찬을 자주 하자. 그리고 때때로 충고도 하자. 주고받는 칭찬 속에서 부부애가 더 좋아지고 돈독해지기 마련이다. 칭찬은 탁구공처럼 주거니 받거니 하는 것이다.

영미 이야기

"영미야! 나 물 한 잔만 갖다 줄래?"
"알았어."
"고마워."

결혼 후, 남편에게 자주 듣는 말들을 생각해보았다.

'우리 영미 대단하네. 우리 영미 똑똑하네. 우리 영미 잘 어울리네. 우리 영미 부지런하네. 우리 영미 예쁘네. 우리 영미 최고네. 우리 영미 멋지네. 우리 영미 운전 잘하네. 우리 영미 음식 잘하네. 우리 영미 없었으면 어쩔 뻔 했어. 고마워.'

부정적인 말은 한마디도 없었다. 남편은 언제나 나를 긍정적으로 바라봐주고 모든 일을 잘한다고, 대단하다고 해주는 사람이다. 그런 말을 들으면 언제나 나의 대답은 "고마워."이다. 그런 말들로 인해 나의 자신감은 자꾸만 상승을 하게 된다. 언젠가는 하늘을 뚫고 우주로 뻗어나갈지도 모른다.

"제수씨, 얘기 많이 들었습니다. 듣던 대로 멋지시네요."

남편 지인이나 친구들 사이에서 나는 천사다! 밖에 나가면 아내 자랑을 입에 달고 다니는 것 같다. 그런 말을 듣는 나는 민망하긴 하지만 남편이 고맙게 느껴지고, 더 잘해줘야겠다는 마음이 든다.

결혼 전보다 지금의 내 모습이 훨씬 젊어 보이고, 더 예뻐졌다고 생각한다. 남편 덕분이다. 이런 나를 있게 해준 건 남편이다.

부부라는 게 제일 가까우면서 제일 먼 사이일 수 있다. 내가 배우자에게 긍정적인 말을 많이 하는지 부정적인 말을 많이 하는지 궁금하다면 상대가 내게 어떤 말을 많이 하는지 분석해보는 것도 좋겠다. 상대가 내게 하는 말이 내가 상대방에게 자주 하는 말이다.

내 말 한마디로 내 배우자의 삶이 행복해질 수도, 불행해질 수도 있다는 사실을 늘 기억하길 바란다.

부부 이야기

부부는 서로에 대한 칭찬을 하는 것이 매우 인색합니다. 결혼 생활이 길면 길수록 칭찬의 빈도는 줄어듭니다. 서로에 대해 너무 잘 알고, 익숙하기 때문이죠.

행복하고 긍정적인 부부 생활을 위해서는 배우자에 대한 칭찬의 표현을 더 늘려야 합니다. 좀 부족한 듯 보일 수도 있습니다. 그러나 상대를 간절히 믿어주고 칭찬해주면 그 말처럼 될 것입니다. 상대가 자신을 중요한 존재로 느끼게 하는 것, 이것이 칭찬의 힘입니다.

✻ 아내의 칭찬을 믿을 수 있는 이유

아내는 무턱대고 칭찬만을 남발하지 않는다. 잘못된 부분이 있으면 언제든지 지적을 해준다. 당근 같은 칭찬과 채찍 같은 충고를 적재적소에 한다.

"자기, 그 멘트 너무 과하더라. 너무 셌어. 다음부턴 안 하는 게 좋겠어."
"그런 행동은 마이너스야. 조심해야지."
"너무 오버하더라. 보기 싫었어. 하지 마."

아내 모니터링 수준은 스포츠 경기장의 호크아이 수준이다. 예리한 비디오 판독 기능의 호크아이처럼 나의 잘못된 부분을 잘 찾아낸다. 아내는 무분별하게 칭찬과 충고를 남발하지 않고 타이밍을 잘 조절하며 한다. 그래서 아내의 칭찬과 충고를 100% 신뢰하고 수용할 수 있다.

✻ 11강

배우자의 말을 경청하는 사람이 성공한다!

결혼 그 자체로 좋다 나쁘다고 말 할 수 없다.
결혼의 성공과 실패는 우리 자신에게 달려 있기 때문이다.
– 앙드레 모루아

"당신은 내가 나중에 중국 최고의 부자가 되는 걸 보고 싶어?"

"아니. 자기의 못생긴 이 얼굴은 어딜 보아도 부자가 될 상은 아니야. 그러니 돈을 많이 벌 생각은 하지 말고 사람들의 존경을 많이 받기 위해 노력해. 알았지?"

이 남자는 아내의 말대로 돈보다 사람을 좇기 시작했고, 몇 년이 흐른 뒤에 2,400억 위안(한화 약 43조)의 부를 거머쥐게 된다. 중국 최고 전자상거래 업체 '알라바바'의 회장 마윈의 이야기다. 그의 성공 배경에는 늘 아내의 말을 존중하고 경청하는 태도가 있었다.

배우자의 말에 경청하는 태도는 존중한다는 의미이다. 부부로 행복하게 살면서 자신의 일에서도 성공하고 싶다면 배우자의 말에 무조건 경청해라, 반드시 경청해라, 또 경청해라.

준하 이야기

상대의 말을 잘 들으면 손해 보는 일은 절대 없다.

얼마 전, 행사 때 소품 정리를 하던 아내가 족구공이 없다며 투덜투덜 거리는 말이 내 귀에 들렸다. 곧바로 난 진행석으로 와서 바로 마이크를 잡고 안내 방송했다.

"존경하는 ○○○○ 여러분, 잠시 안내 말씀 드리겠습니다. 족구 경기 후 5개 족구공이 현재까지 회수가 안 되고 있습니다. 혹시 족구공을 가지고 계신 분은 진행석으로 속히 반납 부탁드립니다. 족구공은 우리의 재산입니다. 아, 거지 똥구멍에 콩나물을 빼먹지. 가져갈 게 없어서 우리 족구공을 가지고 가시나요? 반납 부탁드립니다. 제발요. 부탁드립니다."

"푸하하하. 거지 똥구멍의 콩나물? 하하. 아이 더러워. 하하하."

나의 멘트에 아내는 함박웃음을 지었다. 잠시 후, 운동장 저 멀리서 5명이 족구공을 들고 오는 모습이 눈에 들어왔다. 그때 아내의 흡족한 얼굴은 지금도 잊히지 않는다. 나도 역시 기분이 좋았다.

배우자의 언(言)에 항상 경청하는 것도 중요하지만, 배우자의 행(行)에도 관심을 가져야 한다. 결국 배우자의 언행 모두에 관심과 사랑을 꼭 가져야 한다.

영미 이야기 ····························

평상시 남편은 나에게 같은 질문을 여러 번 한다. 특히, 드라마를 보고 있을 땐 심한 편이다. 내가 드라마를 시청할 때마다 주인공은 누군지, 스토리는 어떤지 등을 묻곤 하는데 궁금해서 묻는 게 아닌 것 같다. 나와 대화가 하고 싶은 것이다. 그러다 보면 난 드라마에 집중을 할 수 없게 되고, 남편에게 질문 좀 그만하라고 짜증을 내고 만다.

그런데 내가 남편에게 같은 질문을 여러 번 할 때가 있다. 생각해보면 남편은 짜증 내지 않고 질문에 답해준다. 남편이 내 말에 주의를 기울이고, 제대로 이해했다고 느낄 때는 행사장에서다. 진행을 하는 중간중간 내가 해주는 피드백이나 안내, 요청사항 등을 빠짐없이 듣고 체크하여 해결을 해준다. 남편은 내가 말을 할 땐 중간에서 끊지 않는다. 본인이 하고 싶은 말이 있어도 내 말이 끝난 뒤에 한다. 귀찮을 만도 한데 전혀 그런 기색이 없다.

신혼 초 있었던 일이다. 남편과 지하상가 쇼핑을 갔었다. 이것저것 구경하던 중에 예쁜 귀걸이를 하나 발견했다. 그런데 귀금속에 속하는 제품이라 그런지 가격이 높았다. 예쁘긴 했지만 사지 않았고, 구경만 하고 집으로 돌아왔다.

그런데 며칠 뒤 외출을 했다 집에 들어갔는데 옷걸이에 못 보던 옷이 걸려 있었다. 빨간색 재킷과 그 앞에 조그마한 상자가 걸려 있었다. 상자를 열어보니 내가 예쁘다고 했던 그 귀걸이가 들어 있었다. 어찌된 영문인지 몰라 남편에게 전화를 걸어 물어보니 이렇게 말했다.

"며칠 전에 쇼핑 갔다가 예쁘다고 했잖아. 그건 마음에 든다는 소리였을 텐데, 안 사고 나온 게 미안해서 내가 사가지고 왔지. 재킷은 내 마음에 들어서 사온 거야. 귀걸이 예쁘게 하고 다녀."

감동이었다. 내가 했던 말을 흘려듣지 않았던 것이다.

현명한 부부라면 서로의 말을 끝까지 들어줄 수 있도록 두 귀를 열어놓는 게 좋을 것이다.

부부 이야기

'경청(傾聽)'에서 청(聽)을 한번 봅시다. 청은 '耳, 王, 目, 十, 心, 一'의 합성으로 이루어져 있습니다. 귀는 임금 앞에서 듣는 것처럼 그쪽으로 공손하게 대하고, 눈은 열 개인 것처럼 시선을 떼지 않으면 상대방과 나의 마음이 하나가 될 것이라는 의미입니다.

사회생활에서도 경청이 힘들지만, 부부 생활에서는 더 힘듭니다. 서로에게 너무 익숙하기 때문에 배우자의 말을 듣는 것보다는 자신의 말을 더 주장하고 고집을 부립니다. 배우자의 말에 경청하는 마음과 자세가 절대적으로 필요합니다.

✻ 아내 리스트?

"아내를 볼 때마다 생각나는 것들, 재밌는 것들을 적어둔다."

개그맨 김용만은 MBC 〈라디오스타〉에 출연해 의외의 로맨티스트 면모를 보여줬다. 그는 기계를 잘 못 다루는 사람을 '기계치'라고 부르듯, 아내에 대한 것을 잘 기억하지 못하는 자신을 '아내치'라고 말했다. 예를 들어 아내가 좋아하는 것이 자장면인데, 짬뽕을 좋아한다고 잘못 기억하곤 한다는 것이다. 그는 이런 일이 자주 일어나자 아내에 대한 것들을 하나씩 적기 시작했다.

그의 '아내 리스트'에는 아내의 옷 사이즈, 안 먹는 음식, 잘 먹는 음식이 빼곡이 적혀져 있다. 뿐만 아니라 자신이 느꼈던 아내의 매력, 귀여운 실수 등도 차곡차곡 기록되어 있었다.

MC 김구라는 '김용만이 일산의 애처가로 유명하다'며 그의 아내 사랑을 입증해주었다.

✻ 12강

상대의 자존심은 항상 지켜주세요!

행복한 결혼을 비결은 간단하다.
그것은 가장 절실한 친구들을 대할 때처럼 서로 예절을 지키는 것이다.
—로버트 킬렌

"앞을 봐! 앞! 어딜 보는 거야!"

SBS 〈사이다〉에서 운전 연수하는 부부에 대해 다룬 적이 있다. 운전석에 앉은 아내가 못마땅한 남편은 거침없이 지시를 내리고, 운전대를 잡아 예민해진 아내는 짜증을 낸다. 서로의 자존심을 짓뭉갠다. 그러다가 '서로 존댓말을 하라'는 미션이 주어졌다. 이 부부는 어떻게 변했을까?

"차선을 바꿀 때는 뒤에 오는 차를 잘 보시구요. 네, 천천히. 브레이크."
"네, 알겠습니다. 네, 여보."
"방향지시등을 왼쪽으로 하세요. 네, 좋습니다. 천천히. 잘 하시네요."

존댓말은 흥분을 누르고 이성을 돌아오게 만들었다.

존댓말은 존중의 언어다. 상대의 자존심을 지켜줄 수 있는 가장 좋은 수단이다. 상대의 능력을 아래로 보고 자존심을 깔아뭉개서는 안 된다. 존중과 신뢰가 한순간에 무너질 수 있다.

준하 이야기

나는 운전에 대한 겁이 많아서 불혹의 늦은 나이에 겨우 면허를 취득했다. 아내도 도로주행 4차 도전에서 당당히 합격했다. 8월에 운전면허를 취득한 아내는 몇 달간 운전을 하지 않았다. 나도 운전에 미숙한 터라 누가 누굴 가르쳐줄 수 있는 입장은 아니었다.

그해 12월 31일, 한 해가 끝나는 마지막 날이었다. 충남 당진의 해넘이 행사 의뢰가 와서 아침부터 분주했다. 장거리 운전이 처음이었기에 운전대를 잡는 것이 불안했다. 혹시 큰 사고가 날까 봐 솔직히 무서웠다. 동네를 빠져나와 막 대로로 진입하려는데 아내가 말했다.

"자기, 내려 봐. 여기서부턴 내가 운전할게."

"뭐라고? 당진이 무슨 가까운 동네도 아니고. 여기 대로를 지나 고속도로로 진입해야 하는데 자기가 어떻게 운전하려고 그래? 그러다가 큰 사고 난다고!"

아내한테 운전대를 맡기고, 조수석에 앉아 가려니 내심 불안했다. 내 말에 아내도 화가 났는지 낯빛이 싸늘하게 바뀌었다. 우리는 단 한마디도 하지 않고 묵언수행 했다. 나의 괜한 욕심으로 인해 아내가 상처 받았을까 봐 갓길에 잠시 정차했다. 그리고 아내에게 말했다.

"자, 여기부터 자기가 운전해."

그 순간 아내가 폭발했다.

"안 해! 앞으로 배준하 차에 같이 타면 내가 미친년이다! 운전 안 한다고! 그냥 가라고!"

깜짝 놀란 나는 당진까지 가는 내내 아내의 눈치를 봐야 했다. 그뿐만 아니라 도착해서까지 한마디도 안 하니 화병이 날 지경이었다. 이러다가는 다시 서울로 올라갈 때까지 내내 냉전일 것 같았다.

갑자기 굿 아이디어가 떠올랐다. 근처 한 부스에서 추위를 녹일 수 있도록 어묵이며, 탕이며, 음식을 팔았다.

'그래! 술! 술 마시자!'

나는 행사 진행 중에 아내가 보라는 듯 추위를 녹인다는 핑계로 술을 홀짝홀짝 마셨다. 난 아내에게 당당하게 말했다.

“자, 차 키! 자기가 운전해. 난 아까 행사 도중에 술 많이 마셨잖아.”

“피, 알았어. 내가 운전할게. 자기는 술 마셨으니까. 음주운전은 절대 안 되지.”

내 작전이 통했다. 눈이 덮인 도로를 나와서 고속도로로 진입을 할 때까지 아내는 운전을 잘 했다. 낮에 아내한테 무안을 주고 무시한 것이 너무 미안해서 말했다.

“행담도 휴게소에서 우리 커피 한잔 하고 가자. 휴게소가 전망이 너무 좋아. 최고야!”

“그래. 그러자. 커피도 한잔 하고 피로도 풀고 하면 좋지.”

어느덧 아내의 얼굴에 미소가 돌아와 있었다. 아내가 나보다 운전 실력이 없다는 선입견과 옹졸한 마음을 가졌던 내가 부끄러웠다.

영미 이야기

부부 간에 절대 하지 말아야 할 사항들 중 운전과 관련된 것이 있다. 배우자에게 운전연수 금지! 아무리 잉꼬부부라도 운전연수를 하는 순간 둘 사이엔 금이 가고 만다. 자존심 문제이기 때문이다.

2014년 운전면허 취득 당시 난 아슬아슬하게 합격했다. 도로주행에서 한 번만 더 탈락을 하면 필기부터 다시 시작해야 하는 시점에 있었다. 네 번째 도전에서는 다행히 합격을 했다. 감독관의 합격의 말이 나를 행복하게 했다.

"합격 점수로 100점인데 감독관 자존심이 있으니 2점 감점으로 98점 드립니다."

그런 나의 실력을 남편은 몰랐었나 보다.

"영미야, 미안해."
"됐어."
"나는 너 위험할까 봐 그랬지."
"알았다고, 됐으니까 그만 말해."

"우리 영미가 나보다 더 운전 잘하더라. 미안해."

지금도 장거리 행사를 갈 때면 내가 운전을 하고 남편은 조수석에 앉는다. 내 운전에 참견은 안 하지만 가끔씩 '방향등을 켜라, 차선 변경해라, 너무 빠르다.' 등의 잔소리를 하지만 내 한마디로 조용해진다.

"다 보고 있고 내가 알아서 하니까 그만 하지?"

남편은 다른 화젯거리로 말을 돌리고 내가 심심하지 않게 노래도 틀어주고 간식도 챙겨주며 내 운전을 조용히 지켜만 본다.

부부 이야기

집에서, 모임에서, 차 안에서…. 부부의 언쟁이란 준비되지 않고, 생각지도 않고, 예기치 않는 곳에서 발생합니다.

한번 보세요.

여러분 주위에도 다정다감하게 사는 부부가 있는 반면, 서로 못 잡아먹어서 으르렁대는 부부도 있을 겁니다. 바로 소통과 배려의 부재(不在) 때문입니다. 서로의 자존심을 지켜주려고 하지 않기 때문입니다.

부모님, 형제, 선후배, 동료 부부들 중에서 다정하게 사는 부부를 그대로 벤치마킹해보시길 바랍니다. 오늘은 조금 힘들겠지만 내일과 모레는 더 편해질 겁니다.

부부는

끝없는 협력의 관계입니다.

제 3 주 제

균형을 맞춰야 행복한 부부

"아내와 남편은 서로를 동등하게 대하세요!"

부부라는 사회에서는 일에 따라
각자가 상대를 돕고 혹은 상대를 지배한다.
따라서 부부는 대등하면서도 다르다.
그들은 다르므로 대등한 것이다.

- 알랭

✻ 13강

그러려니, 그럴 수도 있지, 그래봤자

행복한 결혼 생활에서 중요한 것은 서로가 얼마나 잘 맞느냐보다
다른 점을 어떻게 극복해나가느냐 하는 것이다.
– 레프 톨스토이

"우리가 다르다고 선을 긋는 것이 아니라, 다름 안에서 같음을 찾아가는 즐거움이 쏠쏠해요."

KBS 〈명견만리 플러스〉 방송 프로그램에 결혼 6년차 힙합 댄서 팝핀 현준과 국악인 박애리 부부가 출연했다. 이 부부는 머리부터 발끝까지, 하나부터 열까지 달라도 너무 다르다. 그러나 이 부부는 '너 그거 아니야, 너는 나랑 달라.'가 아니라 '너 그건 괜찮아. 나도 한번 가르쳐줘.' 하면서 상대의 모습을 그대로 인정하고 존중해주면서 서로 배워갔다.

"여러분들도 저희 부부처럼 눈높이를 맞추고, 같은 곳을 바라볼 수 있는, 서로 다르지만 닮은 곳을 찾아가는, 내 영혼을 흔드는, 반쪽을 꼭 만나 재미나게 사시길 바랍니다."

준하 이야기

우리 부부도 여느 부부들과 마찬가지로 딱 맞는 찰떡궁합, 천생연분과는 거리가 조금 멀다.

우리 집은 술을 좋아하는 주류(酒流)지만, 처가는 술과는 거리가 먼 비주류(非酒流)다. 우리 집은 아버지부터, 나, 동생들, 매제들과 거실의 큰 상에 빙 둘러 앉아 부어라, 마셔라 흥이 넘치는 집안이다.

이에 반해 비주류파인 처가는 조용한 절간의 분위기이다. 처가에 내려가면 난 건넌방에서 잠만 청했다. 한마디로 놀 사람이 없으니 따분했다. 무료한 시간만을 보내기 일쑤였다.

"자기야, 심심해 죽겠어."

애꿎은 아내만 닦달했다.

다음으로 맞지 않는 것은 성격이다. 아내의 성격은 칼날 같다. 한 번이라도 눈 밖에 나면 목에 칼을 들이대더라도 그 사람과 절대 상종하지 않는다. 매정하게, 아주 깔끔하고 완벽하게 정리한다.

그러나 사업을 하다 보면 매운 사람, 짠 사람, 쓴 사람, 신맛 나는 사람을 모두 만나게 된다. 어떻게 내게 단맛만 나는 사람만 만날 수 있나! 난 그 사람이 조금 싫고 마음에 안 들더라도 포커페이스를 유지한다. 그러나 아내 얼굴을 보면 싫은 내색이 바로 표시가 나 당황한 적이 한두 번이 아니다.

마지막으로 취미 활동이다. 난 자다가도 누가 등산하자면 벌떡 일어나는 사람이다. 산의 맑고 신선한 공기, 초록의 대자연, 망중한의 여유. 산이 좋아도 너무 좋다. 그러나 아내는 등산이라면 딱 질색이다.

"자기야, 이번 주말에 관악산 등산 어때? 시원한 공기 마시면서 재충전하고, 내려와 막걸리 한 사발하고. 콜?"
"싫어. 힘들게 올라가면 다시 내려올 걸 왜 올라가? 난 그냥 집에 있을 거니까 혼자 다녀 와."

처음에는 크고 작은 갈등 때문에 사건도 많았다. 그러다가 차츰 서로의 차이를 인정하고 서로에게 적응해가게 되었다.

나에겐 다소 심심하고 지루한 처가이지만 지금은 꼭 책과 공부할 자료를 챙겨 간다. 아내의 칼날 같은 성격은 내 인간관계를 깔끔하게 정리하는 데 큰 도움이 되었다. 덕분에 GJS(개진상)를 정말 많이 피했다. 경제적,

심적인 손실이 많이 줄었다. 또한 나는 아내와 전혀 다른 취미를 가지는 것이 내게 더 이롭다는 것을 깨달았다. 우리 부부는 거의 항상 24시간을 함께 붙어다니는데, 취미까지 같으면 그야말로 서로 질려버리게 될지도 모른다.

배우자와의 다름이 이렇게 감사하다. 배우자의 다름에서 지혜를 보게 되고, 배우게 되니 이 또한 결혼의 묘미이자 즐거움이다. 성격과 취향이 똑같다고 천생연분이 아니다. 다름 속에서 서로 인정하고 배려하는 인연이 정말 천생연분 아닐까?

영미 이야기

세상에 똑같은 건 아무것도 없다. 몇십 년을 살아온 가족들도 제각각이어서 자주 싸우는데, 하물며 서로 다른 방식으로 살아온 남녀가 만나 결혼을 하고 새로운 가정을 만드는데 어떻게 조용할 수 있을까?

나와 남편도 많이 달랐다. 집안 문화가 달라 남편은 처가에 가는 걸 달가워하지 않았다. 심심하고 재미없다는 것이 이유였다. 부모님은 원래 말이 없으신 분들이라 남편이 맛있는 식사를 대접해도 고맙다고 표현 한번 제대로 하지 않으셨다. 중간에서 나도 무척 힘들었다.

"잘 먹었네. 배 서방."

이 말 한마디면 충분한데 말이다. 남편이 이런 일들로 스트레스를 받는 것 같아, 나는 부모님을 만나기 전에 미리 전화해서 고맙다는 말 좀 해달라고 부탁하기도 했었다. 덕분에 요새는 표현도 많아지시고 남편에게 먼저 안부를 묻기도 하신다.

나의 칼 같은 성격에 대해서는, 나도 인정한다. 내가 보기엔 남편은 사람들에게 싫은 소리나 거절을 못하는 편이다. 그럴 땐 내가 나선다. '내 남편은 내가 지킨다.'라는 마음으로 남편이 스트레스 받지 않게 정리를 해준다.

세 번째는 취미가 달랐다. 난 책 읽기, 십자수, 영화 감상 등 정적인 걸 즐긴다. 남편도 영화감상은 좋아한다. 그러나 남편은 나와 달리 등산을 즐긴다.

결혼 전, 작은아버님 댁 근처에 살 때 쉬는 날이면 작은아버지와 북한산, 도봉산을 자주 갔었다. 운동을 전혀 하지 않는 날 위해 작은아버지가 억지로 데리고 다니셨기 때문이다. 결혼 후 작은아버지 댁과 멀리 떨어지게 되면서 자연스레 등산을 안 하게 됐다. 평지 걷는 것도 귀찮은데 굳이 산을 오를 필요가 있나? 이렇게 생각하는 나는 지금은 등산을 전혀 하지 않는다.

남편은 등산으로 피로를 풀면 좋다며 자주 산엘 가지만 난 도시락만 챙겨주고 따라가진 않는다. 늘 함께 있으니 그럴 땐 혼자만의 시간을 가지는 것도 좋다.

서로의 다름에 대해 스트레스 받기보다는 그냥 인정하기로 했다. 그게 속 편하다.

부부 이야기

부부는 왜 이혼할까요? 미국 워싱턴대학의 가트만 교수팀이 지난 30여 년간 부부 3천여 쌍의 실제 생활을 추적 관찰했습니다. 이혼의 중요 원인은 단순히 '성격 차이'가 아니었습니다. '다름을 인정해주지 않는 것'이었습니다.

배우자는 나와 다른 사람입니다. 그것을 인정하고, 이해하고, 배려하는 마음이 있어야 합니다. '3그'라는 말이 있습니다.

'그러려니!'
'그럴 수도 있지!'
'그래 봤자!'

무조건 참고 받아들이라는 것이 아닙니다. 새로운 방식을 삶에 추가하는 것입니다.

포기하고 사는 것이 아닙니다. 자신과 배우자의 다른 점을 인정하는 지혜입니다.

✻ 똑같이 빈털터리였지만

MBC 〈휴먼다큐–사람이 좋다〉에서 자두는 남편 지미 리를 만났을 때를 회상했다. 자두는 당시 소속사 분쟁으로 빚더미에 올라앉았던 상태였다. 남편 역시 빈털터리였다. 그러나 두 사람은 행복했다.

"돈도 없고 빈털터리인데 4시간을 걸어도 이 사람과 있으면 너무 기쁘더라."

자두는 이 남자라면 충분하겠다는 자신감이 생겼다고 털어놨다. 목회자 지미 리는 결혼 전 수입이 월 30만 원 정도였다. 지미 리 역시 자두에 대한 신뢰를 드러냈다.

"중요한 건 내 삶의 기쁨과 목적이라고 생각한다."

그들은 결혼 생활을 퍼즐이나 블록에 비유했다. 상대방을 변화시키려고 하지 말고 블록이나 퍼즐을 맞추듯 만들어가야 한다는 것이다.

✻ 14강

정말 이 사람을 믿고 평생을 살아야 하나!

결혼의 진정한 의미란, 삶으로부터 도망치지 않는
책임감 있고 자율적인 존재가 되도록 서로를 도와 주는 것이다.
- 폴 투르니에

팔다리 없이 태어난 남자, 3번의 자살을 시도했던 남자. 하지만 그는 지금 전 세계가 아는 희망 전도사이며 명강사이고, 만능 스포츠맨에 베스트셀러 작가이기도 하다. 바로 닉 부이치치다.

그의 곁에는 늘 아내 가나에가 있다. 둘이 처음 만났을 때, 닉은 정신적 · 경제적으로 최악의 상황이었다. 그러나 가나에는 흔들리지 않고 '내가 일해서 먹여살릴게.'라고 말했다고 한다. 닉과 비슷한 장애가 있는 아이가 태어날 수도 있다는 것이 두렵지 않냐고 누군가 묻자, 가나에는 단호히 대답했다.

"그런 아이 5명이 태어나도, 닉처럼 사랑할 거예요."

가나에는 남편과의 결혼에 육체적 한계를 전혀 고민하지 않았다고 고백했다. 이 부부는 첫째 아들에 이어, 지난 해 쌍둥이 딸을 얻었다. 어떤 힘들고 두려운 일이 있어도 부부는 서로의 곁을 지켰다. 그것이 부부를 더 단단하고 끈끈하게 만든다.

준하 이야기 

신혼 초, 우리는 심야 영화를 보고 귀가하고 있었다. 밤 11시가 넘은 시간의 동네 골목은 인적이 드물어 적막하고 음산한 분위기마저 감돌았다. 어두컴컴한 골목 너머로 뭔가가 튀어나올 것 같았다. 그런데 골목 저쪽에서 웬 송아지만 한 개가 어슬렁거리고 있는 게 아닌가! 시커먼 몸을 하고 털이 빠져 있는 녀석의 입에서는 침이 뚝뚝 흐르고 있었다.

등 뒤로 식은땀이 흘렀다. 한쪽 발을 구르며 크게 "쉿!" 하고 소리쳤다. 놈은 도망가기는커녕 우리를 향해 짖기 시작했다. 오히려 화를 돋우고 만 것이었다. 놈이 우리 쪽으로 점점 다가오기 시작했다. 머리카락이 쭈뼛하게 서고 심장은 쪼그라든 풍선마냥 오그라들었다. '안 돼, 안 돼!' 두 다리가 떨리고 호흡이 가빠지기 시작했다. 이제 거리가 2m도 채 되지 않았다. 몸은 진퇴양난이요, 마음은 아비규환이었다. 안절부절 호들갑 떠는 나와는 달리 아내는 의외로 정말 차분하고 대범했다. 아내는 침착하게 112에 신고했다. 아내가 먼저 나를 불렀다.

"자기야! 차와 차 사이 공간으로 피하자. 그랬다가 혹시 개가 덤비면 차 위로 올라가는 거 어때?"

난 아내 말이 떨어지기 무섭게 내달려 차 사이 공간에 비집고 들어갔다. 아내는 바깥쪽에 서 있었다. 개는 아내 가까이 다가와서 코를 킁킁댔다. 아내에겐 너무나 미안했지만 겁이 많은 나로서는 먼저 움직이는 몸을 컨트롤 할 수 없었다. 찰나의 시간이 영원의 시간처럼 느껴졌다.

개는 주위를 배회하다 시야 밖으로 사라졌다. 이때다 싶어서 사라진 개와 아내를 뒤로 한 채 냅다 뛰었다. 집에 도착하자마자 냉장고의 물을 벌컥벌컥 마신 다음에야 겨우 정신을 차렸다.

'휴, 살았다! 오우, 다행이다!'

그 순간 현관문을 열고 아내가 씩씩대며 들어왔다. 잔뜩 화가 나 열이 받은 매서운 눈빛으로 날 노려봤다.

"야! 어쩌면 그럴 수가 있어! 나 버리고 혼자 가다니! 정말 치사하고 옹졸하다. 궁지에서 자기는 안쪽에 들어가고, 난 개가 어슬렁거리는 바깥쪽에 있게 하고!"

화난 아내의 얼굴이 그 개보다 더 무서웠다! 못나고 치사한 내 자신이 스스로도 부끄러웠지만 열린 입이라 어떤 핑계라도 대야 했다.

"미안해. 내일 행사도 있고 해서. 개한테 물리면 병원가야 되잖아. 그러면 돈도 못 벌고, 다치고…, 아까 그 개를 보니 미친개 같더라고. 미친개에게 물리면 나도 미칠까 봐…."

내가 생각해도 말도 안 되는 변명이었다. 그날은 뭐라 할 수 없을 만큼 부끄러운 날이었다.

영미 이야기

'정말 이 사람을 믿고 평생을 살아야 하나?'
'저 남자는 내 편이 맞나?'

개 사건만 생각하면 지금도 배신감이 파도처럼 밀려온다. 그런데 개 사건 이후 또 한 번의 배신감을 맛보았다.

봄의 향기가 느껴지던 2년 전 쯤의 일이다. 남편과 석사과정을 이수하던 때였다. 저녁 10시쯤 수업이 끝났지만 남편은 회의가 있어 조금 더 늦을 것 같다고 했다. 나는 차 안에서 남편을 기다리기로 했다. 그런데, 갑자기 '쿵쿵' 소리와 욕을 하는 소리가 들렸다. 나는 깜짝 놀랐다. 오른쪽 뒷문 옆에 어떤 아저씨가 서 있었다.

"아저씨! 무슨 일이시죠?"

"씨X, 미친X, XXX, XXX,"

"왜 욕을 하면서 차를 치시는 거예요?"

"이런, 미친X, 씨X."

"뭐라고요? 아니 누구한테 욕지거리예요?"

내 목소리는 커지기 시작했고, 이유 없이 욕을 듣던 내 이성도 마비가 되기 시작했다. 나의 폭력성이 막 실체를 드러내려던 찰나 남편이 나타났다. 너무 기뻤다. 남편이 내 편을 들어 함께 싸워줄 것이라 믿어 의심치 않았기 때문이다. 그런데 남편은 이렇게 한마디 하고 차에 올랐다.

"아저씨, 뭡니까?"

그게 끝이었다.

"집에 가자."

남편의 말에 나는 기가 막혔지만 일단 그 자리를 벗어났다. 집까지 가는 동안 난 한마디도 하지 않았다. 내가 남편이었다면 이유여하를 막론하고 남편의 편을 들어 싸웠을 것이다. 남편의 편은 나니까.

비록 서운했지만, 눈감아주기로 했다. 어쨌든 내가 평생 믿고 의지할 사람은 내 옆에 있는 남편이니까.

부부는 항상 곁에 있어야 합니다. 기쁠 때나, 즐거울 때나, 슬플 때나, 힘들 때나, 어려울 때나! 그러려면 용기가 필요합니다. 남편에게만 하는 말이 아닙니다. 아내도 마찬가지입니다.

그러나 상대가 서운하게 했더라도 잘잘못을 따지기 전에 먼저 상대의 마음을 헤아려주세요. 자신의 의지와는 달리 몸이 반응하지 않을 수도 있지 않겠습니까?

부부가 한 마음, 한 뜻으로 뭉치면 부부는 서로 내 편이 됩니다.

✻ 15강

네 일 내 일 따지지 말고 '공동 가사구역'을 둬라!

모두가 행복해질 때까지는 아무도 행복할 수 없다.
– 허버트 스펜서

우리나라 남자들은 하루에 가사 노동을 얼마나 할까?

미국 남성들은 1시간 36분, 영국은 1시간 40분, 호주는 1시간 55분, 캐나다는 2시간 10분이다. 우리나라는 고작 31분이다.

연세대학교 연구팀에 따르면 맞벌이를 하는 기혼여성의 경우, 남편과의 가사분담에 불만족스러운 경우 자살충동이 1.7배 높다고 한다.

가사분담은 단순히 의견 차이의 문제가 아니다. 가사노동은 부부 공동, 가정 전체의 일이라고 인지하고 나서야 한다.

준하 이야기

얼마 전 남동생 집에 놀러갔는데 동생 내외가 잠깐 외출했다. 주방의 싱크대를 보니 설거짓거리가 잔뜩 쌓여 있길래 내가 설거지를 깔끔하게 해주었다. 그러자 칭찬을 들었다.

"어머, 아주버님이 설거지를 다 해주시고! 너무 감사해요. 우리 애기 아빠는 절대 안 해요."

우리 부부는 가사 분담이 정확하다. 외부에서도 아내는 나와 똑같이 일하는데, 집에서 남편인 내가 가사를 아내와 똑같이 하는 것은 당연지사 아닌가! '집안일을 5대5로 공평하게 함께 하자'는 주의는 아니다. '내가 힘들면 자기가 해주고, 자기가 힘들면 내가 한다'는 주의이다. 그래도 가능한 공평하게 나누려고 한다. 부부의 삶은 긴 시간을 함께 둘이서 공동으로 만들어가야 하기 때문이다.

결혼 전, 총각인 나에게 어머니는 늘 당부하셨다.

"결혼하면 니 아내한테 집안일 많이 도와주거래이. 부엌일이 아내 혼자 다 하는 거 아니데이. 사내가 폼 잡는 것이 멋있는 거 아이고, 아내 일 도와주는 것이 더 멋지다 아이가!"

가사는 내 일, 네 일의 구분을 두는 '각자 가사구역'이 아니라, 함께 공유하고 함께 나누고 도와주는 '공동 가사구역'이다. 이건 내 일, 저건 네 일이라고 구분하는 행위 자체가 모순이다. 가사와 육아는 부부의 공통 의무이므로 꼭 함께 하길 바란다.

영미 이야기

나는 남편과 함께 작은 사업체를 운영하며 집안일, 직장 일을 병행한다. 고마운 것은 남편도 마찬가지라는 점이다.

시어머님은 집안일을 조금도 도와주지 않는 아버님에게 서운했다고 하셨다. 그래서인지 큰아들을 키우시면서 항상 장가가면 집안일 많이 도와주라는 말을 귀가 따갑도록 하셨단다. 남편은 자주 이렇게 말한다.

"집안일에 네 일 내 일이 어디에 있어? 시간 되는 사람이 하면 되는 거지."

하지만 나는 남편이 설거지를 하거나 집안일을 할 때 이렇게 말한다.

"자기야, 고마워."

집안일과 육아가 부부 공동의 일일지라도 서로에 대한 노력을 인정해 주고 감사의 마음을 언어로 표현하는 것은 부부관계를 아름답게 만드는 기본 예의다.

부부 이야기

육아와 가사는 아내의 역할이자 남편의 역할이기도 합니다. 남편들은 가사노동에 대해 자신의 역할이 아니라고 생각하는 사람들이 많습니다. 잠깐이라도 도와주면 감사해야 할 정도입니다.

"내가 육아를 도와주겠다."

"내가 집안일에 참여하겠다."

이 말은 절대 잘못되었습니다. 육아와 집안일 모두 아내의 일만이 아닙니다. 남편이 '일부' 돕거나 참여한다고 생각해서도 안 됩니다. 남편과 아내, 부부가 똑같이 공평하게 하는 것입니다. 부부는 끝없는 협력의 관계입니다.

✻ 16강

장서갈등, '백년손님'의 함정

결혼은 어떤 나침반도 일찍이 항로를 발견한 적이 없는 거친 바다이다.
– 하인리히 하이네

"어무이. 아까 나한테 준 한약 있제. 그게 뭡니까? 그거 무꼬 밥 무우니 입맛이 확 돌아오네."

"맞제? 나도 그거 묵고 엄청 힘이 좋아졌데이. 그 한약 줄까? 갖다 묵을래?"

"진짜로? 그거 혹시 녹용으로 끓인 겁니까? 내가 또 녹용빨이 잘 받는 다카이."

"하하. 녹용은 아닌데. 녹용보다 더 좋은 기다. 함 볼래?"

두 사람은 주방의 베란다로 나간다. 안에는 굼벵이가 가득하다. 남자는 눈이 튀어나올 정도로 혼비백산한다.

이 둘의 관계는 무엇일까? 바로 장서관계다. SBS 〈백년손님〉에 출연하는 사위 이만기와 장모 최위득 여사다.

이렇게 아들과 어머니처럼 지내는 장서관계가 몇이나 있을까? 사위와 장모만큼 미묘한 관계가 없다.

준하 이야기

'코드가 맞는다.'라는 말을 들어본 적이 있는가? 성향이 잘 맞는다는 말이다. 코드가 잘 맞는 사람끼리는 금방 친해지고 오래간다. 장서 관계에서도 마찬가지이다. 장모님과 사위 역시 남편과 아내처럼 다른 집안에서 살았기 때문에 다른 점이 많을 수밖에 없다. 그런 면에서 보면 어머님과 나는 코드가 맞는 편이다. (나는 지금도 장모님을 어머님이라 부른다.)

사실 결혼 전에 어머님은 나를 탐탁지 않아 하셨다. 내 작은 키 때문이었다. 그런 어머님께 내가 말씀드렸다.

"어머님, 큰 게 미련 떠는 것보다는 작은 게 재롱떠는 것이 훨씬 낫지 않겠습니까? 귀엽게 봐주십시오."

어머님께서 함박웃음을 지으셨다.

결혼 후에도 나는 장인어른을 '아버님'이라 하고, 장모님을 '어머님'이라 부른다. 사위가 아닌 아들이라 생각하셨으면 하는 마음에서다.

신혼 초에는 어머님과 자주 술을 마시곤 했다. 그날도 장모님과 아내,

그리고 나, 셋이 한잔씩 걸치고 거나하게 취해 집으로 돌아가는 길이었다. 장난기가 조금 발동한 난 앞장서면서 오른팔을 휘저으며 외쳤다.

"비키시오. 우리 장모님 납시오. 길을 비켜주시오. 우리 장모님 납시오."

"어이쿠, 큰 어르신 오시네. 비켜 드려야지. 하하하."

때마침 삼삼오오로 마주 오던 중년의 남자들이 맞장구를 쳐주었다. 그렇게 10여 분을 걸어 집에 도착했는데 어머님은 임금님 대접받았다고 기뻐하며 웃으셨다.

참 고마운 분이다. 울 할매가 돌아가시기 몇 달 전, 아버님과 어머님이 문병차 고향집으로 내려가셨다. 아버님과 어머님은 건강에 좋다며 산에 올라가 직접 캔 산약초 한 자루를 건네 주셨다. 그날 밤, 그 이야기를 듣고 바로 어머님께 전화를 드렸다.

"어머님, 배 서방이에요. 저희 할머니께 약초 캐신 걸 가져다 드리셨다면서요. 힘드실 텐데 감사합니다. 어머님."

"아니네, 사위. 할머님 편찮으신데 그것밖에 해줄 수가 없어서 우리가 더 미안하구만. 자네 장인어른이 산약초 캘 때 돌아가신 어머니 생각하시면서 캤다네. 그래서 힘들지도 않았네. 할머님께 잘 해드리게나."

"네, 어머님. 감사합니다."

아버님과 어머님께서 할매를 당신의 어머니라 생각하면서 약초를 캐셨다는 말씀에 눈물이 핑 돌았다. 울 할매를 당신의 어머니라고 생각하셨듯이 나도 처가의 아버님과 어머님을 내 부모라고 생각한다. 늘 고맙고 존경스러운 분들이시다.

안타깝게도 울 할매는 온정과 정성이 담긴 약초를 다 드시지 못하고 돌아가셨지만 아버님과 어머님의 온정은 내 가슴에 남아 있다.

영미 이야기

고부갈등은 유명하지만 장서갈등은 별로 유명하지 않아서 심각한 줄 몰랐다. 가정의 풍속이 많이 달라졌기 때문일까? 지금은 친정집 가까이 사는 부부들이 많다. 결혼 후 아이를 낳고 사회생활을 하려면 일을 하는 동안 도움을 받기 위해 아무래도 친정이 편하기 때문이다. 살림을 합해 같이 사는 경우도 있다.

남편은 친정 엄마가 우리 집에 오시는 걸 좋아한다. 친정 엄마도 나보다 더 사위를 챙기신다. 결혼 전에는 탐탁지 않아 하시던 분이 맞나 싶을 정도다.

신혼 초의 일이다. 남편이 샤워를 하고 나왔는데 욕실 전체에 물이 튈 정도로 샤워를 해서 온통 물바다였다. 그 모습에 남편에게 짜증을 냈다.

"자기야, 샤워할 때 물이 안 튀게 할 수 없어?"
"알았어. 조심할게. 근데 어떻게 샤워할 때 물이 안 튈 수 있냐?"
"그러니까 더 조심해서 하라고!"

친정에 식사하러 가는 길에도 계속 남편에게 잔소리를 했다. 남편은 마음이 상했는지 식사를 안 하겠다며 다시 돌아가버렸다. 엄마가 남편을 찾아서 자초지종을 이야기했다. 한참을 듣고 난 엄마는 내게 입을 뗐다.

"영미야, 네 오빠는 화장실만 들어갔다 나오면 아주 홍수가 난다. 그래도 네 언니는 한마디도 안 한다. 그게 뭐 큰일이라고 배 서방한테 잔소리야. 네가 잘못했어!"

나는 서운했다. 그때 초인종이 울렸다. 밖을 보니 남편이 서 있었다. 엄마는 버선발로 뛰어가 환한 얼굴로 사위를 맞아주셨고, 남편 또한 어머니를 와락 안았다. 그가 나를 보며 환하게 웃었다.

"어머니! 예쁜 딸을 주셔서 감사합니다!"

부부 이야기

'사위 사랑은 장모 사랑이다.'

'사위는 집안의 백년손님이다.'

서로가 서로에게 너무 익숙해도, 낯설어도 문제는 일어납니다. 어른인 장모님이 먼저 이해와 배려를 해주시고, 사위는 아들처럼 장모님을 공경하면 됩니다.

아내는 교통 신호등이 되어야 합니다. 어머니와 남편 사이에서 균형을 잡고 소통을 잘 진행해야 됩니다.

✻ 17강

고부갈등, 그 유서 깊은 전쟁

인생에 있어서 최고의 확신은 사랑받고 있다는 확신이다.
– 빅토르 위고

"시어머니가 반찬을 보내주시는 게 따스하고 좋아요. … 시집을 오고, 엄마가 돌아가시고…. 그런 부분을 시어머니가 많이 채워주세요. 반찬을 보내주실 때마다 그런 생각을 많이 해요. 나도 엄마가 있구나."

배우 한고은과 시어머니가 SBS 〈동상이몽2〉에서 아름다운 고부관계를 보여줬다. 이렇게 며느리에게는 '어머니', 시어머니에겐 '딸' 같은 관계를 이어가는 고부관계도 있으나, 쉬운 일이 아니다.

드라마의 단골 소재가 고부갈등이다. 시청자는 즐거움과 재미로 보지만, 그런 고부갈등이 현실인 사람들에게는 악몽일 것이다. 좋은 고부관계도 물론 있다. 그러나 자칫 잘못하면 견원지간(犬猿之間)과 같은 갈등 관계로 바뀌고 만다.

준하 이야기

신혼 초, 고향인 성주에서 할매와 부모님 그리고 우리 부부까지 함께 점심 식사를 한 적이 있었다.

"어무이! 잠깐만 고대로 계시소!"

어머니의 그 말씀을 들으신 할매는 어머니만 보고 가만히 계셨다. 그 순간, 어머니는 옆에 있던 파리채를 들더니 할매의 머리를 사정없이 세게 내리쳤다.

"와카노?"
"어무이 머리 위에 파리가 한 마리 앉아갖고."

부모님과 할머니는 마치 아무 일 없다는 듯이 멈췄던 수저를 다시 들었다. 시어머니의 머리를 파리채로 내리치는 며느리, 맞고도 아무 일 없는 듯 가만히 계시는 시어머니. 이런 모습이 우리 집의 일상적인 장면이다.

총각 시절, 할머니는 내게 결혼하게 되면 너희 엄마 같은 여자 꼭 만나라고 말씀하곤 하셨다. 꼭 그 말씀처럼, 나는 전생에 나라를 구했는지 아니면 천운인지 아내를 만났다. 가끔은 아내가 처가의 어머님보다 우리 어머니를 더 닮았다는 착각이 들 정도로 모녀처럼 보일 때가 있다.

먼저 우리 어머니와 아내는 목소리 톤이 높다. 에너지가 넘치는 목소리다. 밝고 유쾌하며 긍정적이다. 무엇보다 두 사람은 모두 책을 좋아한다. 어머니는 종종 아내에게 전화를 해서 말씀하신다.

"영미야, 새로 나온 책 있던데 하나 사서 부치라이."

"아, 그 책이요? 알겠어요. 어무이."

"그래, 며늘님. 고맙다이."

고향에 가면 고부는 책 이야기로 꽃을 피운다.

고부 간에 서로 마음이 안 맞아 언쟁이 심해지면 정말 불편할 것이다. 다행히 어머니와 아내는 공통분모가 있어 이야기가 잘 통한다. 또한 어머니는 우리 부부의 일에 대해서는 간섭을 많이 안 하시고 배려를 해주신다.

영미 이야기

결혼 전 〈사랑과 전쟁〉이라는 드라마를 즐겨 봤다. 그 안에는 시어머니와 며느리의 불편한 관계에 대한 내용들이 많았다. 난 드라마를 볼 때마다 생각했다.

'결혼하면 절대 저렇게는 살지 않을래. 왜 저리들 못 잡아먹어 안달일까? 조금만 이해하고 양보하면 될 텐데….'

2년 전 여름에 있었던 일이다. 시댁 식구들이 휴가를 맞춰 시골집에 모였다. 큰 시누이의 남편이 점심 때 식사도 직접 만들고, 설거지까지 하겠다고 했다. 모두 일은 나눠서 하자고 했지만 소용 없었다. 그런데 그날 저녁 어머니가 할 말이 있으신지 나와 남편을 밖으로 불러내셨다. 조용한 곳으로 우리를 데리고 가신 어머님이 말씀 하셨다.

"아까, 점심 때 내가 창피해 혼났다. 집에 며느리가 둘이나 있는데 왜 설거지를 사위가 하게 만드노."

충격적인 말씀이었다. 아! 이것이 시집살이 멘트인가?

"설거지는 꼭 며느리만 하는 건 아니잖아요. 딸도 있고, 아들들도 있고, 사위들이 할 수도 있죠. 왜 며느리가 안 하고 사위가 한 걸 창피하다고 하세요?"

다행히 언성이 높아지거나 얼굴을 붉히지는 않았지만 잠시 서운한 마음이 들었다. 그래도 어머니를 이해해보려고 했다. 그런데 다음 날 오후, 주방에 있는데 어머님이 조용히 들어오셔서 내게 미안하다고 사과를 하셨다.

"영미야, 마음 많이 상했제? 내 생각이 짧았나 보다."

먼저 사과를 한 이해심이 많은 어머니 덕분에 나까지 착한 며느리가 되는 것 같았다. 시어머니와 나의 관계는 언제나 맑음이다. 일등공신은 남편이다. 남편 또한 관계 조율의 마술사다. 누구 편을 들기보다 상황설명을 하고 우리가 원하는 바를 부모님께 말씀드리고 이해를 조율한다.

부부 이야기

시댁이 싫어서 시금치도 안 먹는다고 하죠? 세상에서 가장 싫은 돈이 시어 머니라는 말도 있습니다. 시월드 역시 남편과의 관계처럼 다름을 이해해야 하는 새로운 관계입니다. 갈등이 있을 수밖에 없습니다.

고부갈등에서 남편 역할이 매우 중요합니다. 양쪽의 이야기를 듣고 조율하여 서로의 관계가 틀어지지 않도록 중심을 잡는 것이 남편의 역할일 것입니다. 시어머니와 며느리, 두 사람 자존심의 균형을 잡아줍시다. 남편은 어머니와 아내, 두 분 모두 안전하도록 조심스럽게 중심을 잘 잡아줘야 합니다.

✻ 18강

부부싸움의 산실, 명절 스트레스!

부부를 묶는 것은 사슬이 아니라 실이다. 몇 년 동안 사람을 꿰매는 수백 가닥의 가느다란 실이다.
– 시몬 시노레

자, 눈을 감고 설과 추석의 명절 분위기를 한번 상상해보자.

장면 1. 시댁에 내려가는 고속도로는 꽉 막혀 있고 피로를 느낀다.

장면 2. 장시간의 귀성길로 몸이 천근만근이다. 하지만 허리를 구부린 채 차례상 음식을 준비한다.

장면 3. 남자들은 손 하나 까딱하지 않고 TV를 보거나, 술을 마신다.

장면 4. 여자가 집안 남자들의 술자리가 끝날 때까지 시중을 든다.

장면 5. 친정에 가고 싶어도 남편은 시부모님 눈치만 보고 있다.

장면 6. 시누이가 찾아와 또 시중을 든다. 며느리가 아니라 집안의 부엌데기 같다.

장면 7. 이렇게 마음 고생과 몸 고생하는 아내에게 남편은 안면 몰수한다.

명절 후 이혼서류를 접수 시키는 건수가 3~4배 증가되고 해마다 늘어난다고 한다. 아내의 가사노동, 손님 응대, 시댁 식구와의 관계가 원인이다. 여기에다 남편의 무관심으로 인해 이중, 삼중의 고충과 심적인 스트레스를 겪는다. 아내의 명절증후군에 남편은 어떻게 대처해야 할까?

준하 이야기

어머니는 차례상을 무려 48년간 준비하셨다. 어머니는 며칠에 걸쳐 미리 차례상 준비를 해두시고 몇 가지 음식들만 며느리들의 손을 빌린다. 30년 전만 하더라도 명절 음식은 동네 잔칫집 수준이었지만 지금은 음식의 양부터 많이 줄었다.

"아이고, 이제 음식 다 했네. 아이고, 허리야."

"수고했어. 영미! 이제 좀 쉬어. 힘들었지?"

"어머니가 다 하셨지. 며느리인 내가 한 게 뭐 있나."

나는 명절 음식 준비를 도와주지는 못한다. 하지만 명절 다음 날, 집안의 남자들이 부엌일을 주로 한다. 음식을 준비하거나, 설거지를 한다. 부부가 서로서로 명절의 가사를 함께 한다면 많은 갈등과 오해의 소지를 줄일 수 있을 것이다.

고향은 마음의 안식처이다. 그래서 투정도 좀 부려본다.

"나갔다 올게!"

"어딜 가?"

"고향 친구들 만나!"

"명절이면 집에 좀 붙어 있지. 여기서도 친구 만나서 술 마셔?"

"1년에 두 번 보잖아. 이해 좀 해줘."

고향 친구들, 선후배들은 이렇게 1년에 두 번 만나는데도 아내는 성화이다. 그런 아내가 나로서는 서운하다. 그러나 다음 날이면 고생한 아내에게 미안해하며 용서를 구했다.

"미안해, 영미야."

남자들에게는 고향이 마음의 안식처이지만, 여자들에게는 아무리 편해도 시댁이라는 것을 기억해야겠다.

영미 이야기 ································

결혼하고 10년 정도는 명절에도 친정에 가지 못했다. 명절에 친정에 가기 시작한 건 우리 부부가 운전면허증을 취득하면서부터다. 평소에 친정 식구들을 자주 만났기 때문에 아쉬움과 속상함은 없어 다행이었다. 반면, 시댁은 경북 성주라 멀다. 자주 찾아뵙지 못하니 명절에는 반드시 내려갔다. 항상 노인 두 분만 계시니 명절이 얼마나 설레시겠는가!

다행히 시댁은 명절 음식을 많이 하지 않는다. 그래서 명절로 인해 스트레스를 받지는 않는다. 오히려 시댁에서 푹 쉬다 올 수 있다.

남편은 오랜만에 내려간 고향이라며 짐을 풀자마자 동네로 선배와 친구들을 만나러 나간다. 한번 나가면 술이 만취가 되어 들어온다. 술에 취해 귀가한 남편이 얄밉기는 하지만 명절 다음 날엔 어머님과 나를 쉬게 하고 상차림이며 설거지까지 알아서 해주겠다는 적극성을 보여서 용서를 해주곤 한다.

결혼 이후 명절증후군이라는 것을 겪어본 적은 없다. 시부모님과 남편의 배려 때문이라는 걸 안다. 그런 걸 알기에 부모님과 남편에게 늘 고맙고, 앞으로도 영원히 변치 않기를 바라는 마음이다.

부부 이야기

명절 연휴에 남편은 아내의 보호막 역할을 확실하고 분명하게 해줘야 합니다. 엄청난 가사 노동, 손님 접대, 시댁 식구들과의 관계로 이어지는 스트레스에 대해 배우자인 남편이 소통을 잘할 수 있는 가교 역할을 해야 하는 게 당연합니다. 아내에게는 시댁에서 믿고 의지하고 지탱해줄 수 있는 사람이 남편밖에 없습니다.

가까운 사람이 오히려 더 상처를 잘 줍니다. '이해하겠지.', '가족이니까.'라는 생각이 상대에 대해 존중하는 마음을 잊게 만듭니다. 그래서 가족 간에 생긴 마음의 상처가 더 큰 법입니다.

✱ 꽉꽉 채워주는 따뜻한 시어머니

요리연구가 이혜정은 사실 39세가 되어서야 꿈을 찾았다. 24세 어린 나이에 결혼해 주부로만 살았던 그녀는 39세 되던 해, 남편과 싸우다가 남편의 '네가 할 줄 아는 게 뭐가 있어?'라는 말에 자신의 인생을 돌아봤다.

그녀는 혹독한 시집살이를 겪었다. 이사하는 날 시어머니가 커피병에 고춧가루를 담아주셨는데, 1/3 정도가 비어 있었다. 집에 늘 고춧가루가 쌓여 있었는데도 꽉 채워서 주지는 않으셨다고 한다. 그녀는 '나한테는 끝까지 주고 싶지 않으셨구나.' 싶어 서러웠다고 말했다.

이혜정은 따뜻한 시어머니가 되고 싶다고 마음 먹었고, 지금은 며느리들에게 고춧가루, 깨, 소금, 간장, 된장 등을 가득 퍼 담아 통에 꽉꽉 채워 준다고 한다.

내 꿈과 미래를 향해
비상할 수 있는 결혼을 합시다.

제 4 주 제

함께 성장해서 행복한 부부

"부부는 평생 함께할 전우, 친구, 동반자입니다."

부부란
두 반신(半身)이 되는 것이 아니고
하나의 전체가 되는 것이다.

- 빈센트 반 고흐

✲ 19강

마주보고 '할 수 있다!'고 말하라

소설이나 연극에서는 대개 결혼으로써 줄거리가 끝나지만,
인생에 있어서는 결혼이 줄거리의 시작이 된다.
– 몰리에르

"오로지 가족만을 위해 버틴 거죠."

지금은 연 매출 8,000만 원의 부농이 된 이영호 · 신순희 부부의 귀농은 고난의 연속이었다. 연이은 사업 실패와 육아로 인해 아내는 우울증까지 겪었다. 2011년, 귀농을 결심했지만 이 역시 쉽지는 않았다.

3년차까지 모텔촌을 돌며 한 달에 25만 원짜리 달방살이를 했다. 뼈가 시리도록 추운 겨울에도 새벽에 일어나 고물과 폐지를 주우러 다녔고, 일용직 노동도 마다하지 않았다.

그러나 이러한 상황 속에서도 이 부부는 '소소하지만 확실한 행복'을 추구하자는 신념을 잃지 않았다. 농업 경험이 전무했던 부부는 1년 3기작인 애플수박 농사를 전부 망치기도 했다. 낮에는 작물 재배기술을 익히고,

밤에는 농업기술센터의 교육을 이수했다. 이러한 경험 속에서 부부는 5년 만에 애플수박 재배에 성공했고, 계속해서 새로운 길을 열어가고 있다.

부부라면 어떠한 고난과 실패 속에서도 서로를 믿고, 버티고, 일으켜야 한다.

준하 이야기

몇 년 전, 지방 Y도시에 갔다. 3일간의 대학 축제 행사였는데 첫째 날 행사가 성황리에 마무리되었다. 그리고 동갑인 데다 시원시원한 성격을 가진 G와 친구가 되었다. G는 행사대행업뿐만 아니라, 광고 대행, 청소 용역, 렌터카 등 다양한 사업을 하는 Y도시의 유지였다.

몇 달 후, 다른 일정으로 서울에 온 G를 만났다.

"너 혹시 사업 한번 해볼래? 광고 사업인데 영업도 쉽고 수입도 꽤 괜찮아."

G의 말에 현혹이 되고 말았다. 핸드폰 충전기에 광고를 내는 사업이었는데, 충전기 1대당 100만 원에 사고, 그 다음 광고료는 내 수입원이 되는 구조였다.

'와! 1대당 한 달에 광고료 20만 원이다. 2천만 원만 투자해서 20대를 장만하면 월 400만 원은 통장에 들어오게 돼. 이번이 내 인생 최고의 기회야. 바로 이거야!'

앞뒤 재지 않고 흔쾌히 일단 승낙했다. 그러나 큰 산은 아내였다. 2천만 원의 거금을 선뜻 투자하지 않을 것 같았다. 어느 날 거실에 있는 아내 앞에서 무릎을 꿇었다.

"갑자기 왜 무릎 꿇어? 뭐 사고 쳤어? 무슨 일이야? 왜 그래?"

"자기야. Y도시의 G 친구 알지?"

사업의 비전과 계획을 신중하게 듣던 아내는 의외로 반대하는 뜻을 내비치지 않았다.

"그래? 자기가 원한다면 한번 열심히 해봐."

며칠 후 2천만 원을 송금했고 기기 20대가 사무실로 입고되었다. 충전기는 대학교에 설치하기로 했으니, 관건은 광고주 모집이었다. 여기저기 학원을 방문해가며 설득해보려 했지만 도무지 통하지 않았다. 결국 광고주와는 단 한 곳도 연결되지 못하고 충전기기만 학교에 설치하게 되었다. 영업의 프로가 아닌 포로가 되었고, 내 아까운 돈은 고스란히 날아갔다.

그러나 사업 실패에 대해서 비난보다는 격려를 해준 이가 바로 아내였다.

"자기, 이번에 2천만 원 수업료 내고 큰 공부한 셈 쳐. 이제부터 우리 일만 열심히 하자. 그러니까 단디하라고!"

아내의 조언에 또 힘과 용기를 얻었다. 괜한 욕심보다는 지금의 현실에 더 성실과 노력을 다해야 한다. 무엇보다도 항상 남편에게 믿음을 주는 아내가 고마웠다.

부부는 힘든 고난과 역경의 시간이 오더라도 저력을 가지고 함께 이겨내고 버텨내야 한다. 영원히 최선을 다하는 부부의 힘, 부부 상호간 믿음의 저력을 보여주자.

영미 이야기

남편과 나는 인상이 좋다는 말을 많이 듣는다.

"인상이 참 좋으셔서 영업하시면 정말 잘하실 것 같아요."

쉬울 것 같지만 세상에서 제일 어려운 게 영업이라는 걸 많은 시행착오를 거쳐 알게 되었다.

남편은 귀가 얇은 편이다. 팔랑귀 수준이다. 사람들의 말 한마디에 울기도 하고 웃기도 하는 사람이다. 그런 남편이 우리 일의 비수기가 닥칠 때마다 다른 일을 하겠다고 나선 게 네 번이다.

결혼 초 큰 금액을 날린 뒤 남편이 정신을 차린 줄 알았다. 남편에겐 지금 하는 일이 천직이라고 매번 말을 했지만, 위기가 올 때마다 흔들리는 건 스스로도 자제가 안 되었던 모양이다. 주식이나 부동산 투자는 아니었어도 비용이 들어가는 일들이었기에 그런 남편을 볼 때마다 화가 치밀어 올랐다. 하지만 '이런 일을 겪었으니 다시는 안 하겠지.'라는 마음으로 매섭게 한마디 하곤 넘어갔었다. 그래서인지 지금은 그런 행동을 하지 않는다. 내 의견을 따르려는 노력이 보인다.

남편을 믿지 않고 비난하며 화를 냈다면, 남편이 지금처럼 변하고 우리의 관계가 계속 좋을 수 있었을까? 그렇지 않았을 것이다. 나는 믿음의 저력을 믿는다. 그리고 남편을 사랑한다.

부부 이야기

무엇보다도 가장 중요한 것은 부부 간의 믿음과 신뢰가 밑거름이 되는 지지와 격려입니다. 내가 용기를 잃고, 자신감을 잃어서 큰 수렁에 빠지더라도 헤쳐나올 수 있는 힘을 주는 사람이 배우자입니다. '할 수 있다!'라는 긍정 에너지를 주시길 바랍니다.

긍정 에너지는 우리 몸의 피와 같습니다. 피가 원활하게 우리 몸속에서 순환이 잘 되어야 건강합니다. 긍정 에너지도 마찬가지입니다. 더 큰 힘과 용기를 낼 수 있도록 긍정 에너지를 주세요.

✻ 20강

반드시 좋은 일이 생긴다고 믿어라

부부 간에 희생 없이는 행복한 가정을 절대 만들 수 없다.
희생은 그것을 실행하는 사람을 위대하게 만든다.
– 앙드레 지드

조각가 피그말리온은 상아를 이용하여 아름다운 여인상을 조각한 후, 갈라테이아란 이름을 붙여주었다. 외롭게 지내던 피그말리온은 어느새 사랑에 빠지게 되었다. 피그말리온은 조각상이 진짜 사람이 되길 간절히 기도했다.

"신이시여, 제가 만든 이 조각상이 진짜 사람이 되게 해주십시오. 평생 이 여인만 사랑하겠습니다. 제발 제 소원을 들어주시기 바랍니다."

이에 감동한 신이 그 조각상에게 생명을 넣어주어 사람이 되게 하여 행복하게 살았다는 그리스 신화의 한 이야기이다.

이에 사람들은 정신을 집중해 간절히 원하면 불가능한 일도 실현된다는 심리적 효과를 '피그말리온 효과(Pygmalion Effect)'라고 부르기 시작했다.

간절히 원하면 꼭 이루어진다. 부부의 꿈도 간절히 원하고, 소망하면서 더 나은 내일이 올 것이라고 믿어라.

준하 이야기

결혼 생활은 마치 롤러코스터를 타는 것 같았다. 돈이 밀물처럼 왔다가 예고도 없이 썰물처럼 삽시간에 빠져나갔다. 어느 날은 집에 가스공급이 끊겼다. 가스비가 미납된 것이다.

마침 행사 진행 섭외 전화가 아닌 캐릭터 탈인형 아르바이트 전화가 왔다. 자칭 최고의 강사 아닌가! 호랑이는 비록 굶주려도 풀을 먹지 않는 법이다. 그러나 끊긴 가스 공급에 난 결국 자존심을 버렸다. 하루 일당은 각 12만 원씩, 둘이서 하니 24만 원이었고, 이틀 행사니 48만 원이었다.

행사는 7월이었다. 그냥 서 있기만 해도 5분 만에 등에 땀이 줄줄 흐르는 무더운 날이었다. 하지만 목구멍이 포도청이라 찬 밥 더운 밥 따질 처지가 아니었다. 편한 티셔츠에 반바지를 챙겨서 행사장으로 갔다. 담당자의 안내를 받은 후 주의사항을 듣고 인형을 들어 머리에 쓰는 순간, 천 년 묵은 매캐하고 쉰 땀 냄새가 코끝을 사정없이 찔렀다.

'야, 이걸 쓰고 8시간이라니. 어이쿠, 오늘 죽었다.'

그나저나 인형을 처음 써보는 아내가 걱정되었다. 안쓰러움과 미안함,

노파심으로 아내에게 말했다.

"자기야, 이거 쓰면 무지 더운데 괜찮겠어? 혹시 힘들면 말해. 하다가 지치면 집에 가자."

"아니, 괜찮아. 더워도 할 수 없지. 돈 벌려고 왔는데 어때? 끝까지 해야지!"

밝게 웃으며 이야기하는 아내의 말에 미안함과 고마움이 교차되었다. 45분간 움직이고 나면 15분의 휴식이 주어졌다. 휴식시간에 머리의 탈을 벗으니 무더운 여름에도 머리에서 김이 모락모락 올라왔다. 온몸이 비 맞은 듯 땀으로 흠뻑 젖었다. 이렇게 힘든 일을 아내에게 하자고 해서 아내에게 너무 미안했다. 짠한 마음으로 아내에게 물었다.

"오늘 힘들지? 괜히 와서 고생만 하고. 미안해."

"아니, 재미있어! 자기야, 이 일 또 들어오면 또 하자. 하하하."

그녀의 말에 피곤함과 고단함이 순간 날아갔다. 이렇게 힘든 일도 구김없이 척척 해내는 아내가 무척 고마웠다.

그렇게 우리는 밀린 가스비를 간신히 청산했다. 여느 부부마다 힘들고 고달픈 역경의 흑역사가 모두 있다. 힘들 때 서로를 의지하고, 격려하며 이겨나가는 것이 부부이다. '잘될 것이다, 행복할 것이다.'라고 간절히 원하라. 그러면 꼭 잘될 것이다.

영미 이야기

결혼 후 행사가 없는 비수기 때마다 경제적으로 힘들고 다른 일을 찾아 아르바이트를 하더라도 힘들거나 고생스럽다는 생각을 해본 적이 없다. 우리 부부가 살아가는 데 있어 거쳐야 할 하나의 과정이라고 생각을 하며 살았다. 하지만 남편은 일이 없으면 안절부절못한다. 남자로서, 가장으로서 일없이 가만히 있는 것 자체에 자존심이 상하고, 그로 인해 자존감이 떨어지는 것 같다.

"나 같은 남자 안 만나고 다른 사람 만나서 결혼했더라면 우리 영미 이런 고생은 안 했을 텐데. 미안해."

"괜찮아, 지금 어렵고 힘들어도 잘 살기 위한 과정일 뿐이잖아."

"조금만 기다려. 내가 돈 많이 벌어다 줄게."

"응, 많이 벌어다 주쇼. 난 자기가 돈 벌어오면 집에 앉아서 돈이나 세야겠어."

우리 부부는 이것을 '희망을 위한 대화'라 부른다. 어려울 때일수록 긍정적이고 희망적인 이야기를 나눔으로써 서로에게 힘이 되려고 한다.

살아가는 것이 어디 쉬운 일이겠는가. 버틸 것이다. 시련이 주는 이 순간을 함께 버틸 것이다. 함께 버틴 시간만큼 우린 더욱 돈독해질 것이다.

부부 이야기

"우리가 하는 말과 생각에는 끌어당김의 힘과 주파수가 있어서 당신이 그것을 말하는 순간 전 세계와 우주로 퍼진다. 당신이 꿈꾸던 꿈을 생각하거나 말하면 끌어당김의 법칙에 의해 당신에게 되돌아온다. 당신 인생의 지금까지의 모든 형상은 당신의 마음과 생각이 당신이 끌어당긴 것이다. 무엇을 느끼던 간에 당신의 미래를 결정짓는다. 지금 이 순간에도."

– 론다 번, 『시크릿』

여러분! 좋은 생각을 가지고 좋은 에너지를 배우자와 나누면 기필코 좋은 일은 생깁니다. 우주의 좋은 에너지가 부부에게로 갈 것입니다. 반드시 이루어질 겁니다.

✻ 21강

부부여,
평강공주와 백마 탄 왕자가 되라

결혼에서의 성공이란 단순히 올바른 상대를 찾음으로써 오는 게 아니라,
올바른 상대가 됨으로써 온다.
– 바넷 브리크너

빌 게이츠는 자산이 965억 달러라고 한다. 한화로는 약 113조 원이다. 그는 그의 세 자녀에게 천만 달러씩만 상속하고 나머지는 기부를 한다고 하여 세상 사람들을 놀라게 하기도 했다.

지금은 파격적인 자선사업으로 노블리주 오블리주의 모범으로 불리는 그는 한때 피도 눈물도 없는 자산가, 부의 제국 어둠의 군주로 악명이 높았다. 그의 아버지가 이런 면에 대해 충고한 적도 있었지만 들으려고 하지 않았다.

그를 변화시킨 사람은 그의 아내 멜린다 게이츠이다. 그녀는 빈곤국을 돌며 몸으로 봉사를 실천했다. 한 번도 긴 휴가를 간 적 없었던 남편과 아프리카로 향했고, 이어서 남편을 설득해 '빌앤드멜린다게이츠재단'을 설

립했다. 기부사업은 20여 년간 꾸준히 계속되었다.

"이 재단은 두 사람에게 의미가 있어요. 계속 배워가는 과정이죠. … 전 우리 둘이 협력관계에 있다고 생각해요."

– TED, 〈왜 우리의 부를 포기한 것이 우리가 한 일 중 가장 만족스러운 일이었나〉

부부는 서로를 더 좋은 방향으로 변화시키고, 더 잘할 수 있도록 성장시킬 수 있다. 서로에게 평강공주, 백마 탄 왕자가 되자.

준하 이야기

남자들에게는 온달 콤플렉스가 있다. 무능한 내 인생을 화려한 인생으로 바꿔줄 수 있는 유능한 여자를 만나고자 하는 것이다.

젊은 시절의 난 자격지심이 하늘을 찔렀었다. 외모, 학벌, 재력…. 변변찮아서 어디 내세울 게 없었다. 나이가 들어가면서 차츰 이런 자격지심은 무뎌졌지만, 세상으로부터 인정받는 사람이 되고픈 욕구는 강했다.

난 유명한 개그맨이 되길 꿈꿨다. 그러나 여덟 번이나 응시한 방송국 공채시험에서 번번이 고배를 마셨다. 23년 전에 청운의 꿈을 안고 상경해서 코미디언 故 김형곤 선배님의 문하생으로 들어갔다. 공연장 청소, 객석 정리, 호객 행위, 포스터 붙이기 등 허드렛일을 하는 배고픈 연극인의 삶이었다.

어느 날, 잘생긴 청년 한 명이 극장에서 청소를 하고 있는 것을 봤다. 나보다 두 살이 어린 그 친구와 나는 죽이 맞아 우린 곧 호형호제하며 친하게 지냈다. 우리가 같이 KBS 방송국 개그맨 공채 시험을 봤을 쯤 그 동생은 합격했고 난 또 떨어졌다. 그가 바로 KBS 〈개그콘서트〉가 낳은 스타 개그맨 '김대희'이다. 방송에서 그를 보면 정말 많이 부러웠다.

언젠가 아내와 같이 TV 코미디 프로그램을 보면서 내가 말했다.

"와, 저게 개그야? 왜 이렇게 못 웃겨? 나 원 참, 아! 그때 좀 더 노력해서 개그맨 시험에 합격했어야 되는 건데 말이야. 천추의 한이고 후회막심이네."

"자기야. 하늘이 다 뜻이 있고 길이 있어서 그러시는 거야. 송해 선생님도 53살에 KBS 전국노래자랑의 사회자가 되셨대. 앞으로 천천히 그리고, 서서히 크게 되라고 시련을 주시는 거야. 참고 견디고 버텨 봐. 그렇게 안 되면 내가 만들어줄게. 알았지?"

아내는 항상 나에게 용기가 되는 말을 해준다. 좋은 말이 쌓이니 나의 자존감을 높여주는 에너지원이 된다.

생각해보라! 매일같이 배우자에게 '너는 안 될 것이다', '너는 왜 그 모양이냐'는 말을 들으면 될 일도 안 될 것이다. 서로에게 희망을 주고, 더 용기를 북돋아줘야 하는 것이다. 지금의 나는 평강공주인 아내 덕분에 바보 온달에서 장군으로 성장 발전 중이다.

영미 이야기 ······························ 

대한민국 MC 중 내가 최고로 생각하는 사람은 딱 한 명뿐이다. 배준하! 내 남편이다.

나와 남편은 일정이 거의 일치한다. 행사가 있으면 남편의 매니저로서 모든 상황을 체크하고 준비해주기 때문이다. 의상, 메이크업, 음료 준비 등 모든 것을 내가 챙긴다. 행사 중 필요한 부분은 남편의 신호에 따라 행동한다. 남편이 무대에 올라가면 그 순간부터는 나의 눈이 남편에게서 떨어지지 않는다. 행사하는 모습, 프로그램 하나하나 꼼꼼히 모니터하고 돕는다. 난 남편의 가장 확실한 안테나이다.

행사가 끝난 후 많은 사람들로부터 '최고!'라는 말과 '고맙다.'라는 말을 듣는 남편의 모습은 행복함 그 자체다. 그래서인지 함께 동행을 해도 내 어깨가 으쓱해지지, 창피하거나 민망하다는 느낌은 전혀 없다. 행사 마치고 돌아오는 차 안에서 남편은 항상 내게 피드백을 요구한다.

"영미야, 오늘 내 행사 어땠어?"
"당연히 최고였지. 오늘도 잘했어! 역시 배준하야."
"남편이라고 좋은 말만 하지 말고 제대로 좀 얘기해봐."

“자기, 나 몰라? 난 남편이라고 좋게 말 안 한다. 객관적으로 판단해서 얘기하는 거야. 근데, 아까 했던 멘트 중에 이런 건 좀 자제했으면 좋겠더라. 가끔 비속어나 손가락질 하던데 주의해야 하지 않을까?”

“내가 그랬어? 알았어. 다음엔 조심할게.”

남편은 나의 피드백에 언제나 수긍하고 고치려고 노력하니까 나도 편하게 피드백을 할 수 있다.

모래알처럼 흩어져 있던 사람들이, 남편이 무대에 올라가 멘트를 시작하는 순간 마법에 홀린 것처럼 삽시간에 바뀌기 시작한다. 직원들의 얼굴에 웃음이 퍼지고 하나가 된 것처럼 똘똘 뭉치기 시작한다. 흩어진 모래알에서 단단한 찰흙으로 바뀌기 시작하는 것이다. 행사가 끝날 무렵엔 이들은 모두 일심동체가 되어 흥분의 도가니로 변해 있다. 내가 감탄하는 순간이다. 남편은 타고난 MC다. 누구도 흉내낼 수 없고 누구도 따라올 수 없는 최고의 실력을 가진 사람이다. 그런 남편이 자랑스럽고 존경스럽다. 그래서 남편과 함께 다니는 것이 늘 즐겁고 행복하다. 어디를 가든 남편으로 인해 내가 빛이 나기 때문이다.

남편의 빛남이 나를 더 빛나게 해주니 그보다 더 좋은 일이 어디 있을까!

부부 이야기

혹시, 연리지(連理枝)나무를 아시나요? 연리지는 뿌리가 다른 나뭇가지가 서로 뒤엉켜서 결국엔 한 나무처럼 자라는 현상입니다. 한 나무가 죽어도 다른 나무에서 영양을 공급 받아서 살아나도록 도와주는 게 매우 희귀한 현상이죠.

그래서 부부와 비슷합니다. 부부는 인생의 2/3를 함께 할 동반자입니다. 힘이 들어 손을 놓칠 때는 손을 잡아줘야 하고, 다리가 아파 걷지 못할 때는 업어서라도 함께 가야 할 영원한 동반자입니다. 서로에게 평강공주, 백마 탄 왕자가 되어줍시다.

✻ 22강

결혼은 또 다른 성장의 기회다

결혼을 해보라. 당신은 후회할 것이다.
그러면 결혼을 하지 마라. 당신은 더욱 후회할 것이다.
– 소크라테스

"제가 우리 국진이 오빠를 행복하게 해주고 싶다는 생각을 했어요. 남은 인생을 편하게 해주고 싶어요."

SBS 〈불타는 청춘〉에서 강수지는 말했다. 돌싱으로 만난 이 커플은 사랑을 키워나가 결혼에 골인했다.

결혼이 점점 감소하고 있다. 경제적 여건 등 다양한 이유로 결혼을 못하고 포기하는 사람들도 있겠지만 사회적으로도 결혼이 무덤, 자유로운 인생의 끝이라는 이미지가 강해지고 있다. 그러나 결혼은 멈추는 것이 아니다. 또 다른 행복과 성장의 기회일 뿐이다.

준하 이야기

아내와 같이 대학원에 다닐 때이다. 잘 알고 지내던 후배 D를 만났다. 결혼을 한다고 했다.

“선배님, 설레기도 하는데 막상 결혼한다니 걱정도 되네요. 선배님 부부는 학교에서도 소문난 잉꼬부부시잖아요. 선배님도 그러셨어요?”

“서로의 믿음 속에서 서로 의지하고 살면 훨씬 더 행복하답니다. 너무 두렵거나 무섭다고 걱정하지 마요. 잘 살 수 있을 거예요.”

“와, 선배님. 감사합니다. 여태까지 사람들은 ‘왜 하냐, 후회한다, 스스로 무덤을 파네, 네 발등 네가 찍었다.’ 하며 모두 반대했어요. 선배님만 유일하게 제 결혼을 찬성해주시네요. 감사합니다! 선배님.”

난 자칭 결혼 홍보대사다. 만약에 시청, 구청의 자치 단체나 기업체에서 미혼 남녀를 대상으로 커플 이벤트를 계획한다면 나에게 맡겨주시라. 선남선녀들을 100% 매칭시킬 자신이 있다.

지금 젊은이들 사이에 결혼을 기피하는 비혼인이 많이 늘고 있는 추세이다. 바쁜 사회생활과 개인 활동을 하다 보니 결혼 시기를 놓치는 경우도 있다. 그러나 임신과 출산으로 인한 경력 단절, 가사의 중압감, 결혼 후 새로운 집안의 인간관계, 집 장만과 육아로 인한 경제적인 비용…. 이런 문제들로 인해 결혼을 아예 생각하지 않기도 한다.

사실 아주 가끔은 비혼인이 부럽기도 하다. 대자연 속의 한 마리 독수리 같이 자유로워 보일 때가 있다. 결혼을 하면 혼자 있을 때는 문제가 아니었던 것이 문제가 된다. 그래서 결혼을 하면 싱글 때보다는 더 많은 이해와 배려가 필요하다.

사람은 누구나 행복해지고 싶어 한다. 해도 후회, 안 해도 후회라는 결혼이지만 사랑하는 사람들이라면 결혼은 꼭 했으면 좋겠다.

난 죽기 전에 아내에게 전해줄 유언도 미리 만들어놨다.

"영미야! 우리 참 즐겁게 재미나게 살았지? 나도 당신 때문에 즐거웠어. 나 먼저 가 있을게. 급하게 올 필요 없어. 천천히 놀다, 즐기다 오세요. 알았지? 꼴까닥!"

영미 이야기

"결혼을 못 하는 게 아니라 안 하는 거야."

내 동생들의 말이다. 적지 않은 나이라 부모님의 걱정이 많지만 동생들은 꿋꿋하다. 굳이 결혼을 해야 할 이유가 없다는 것이다. 결혼해서 남편 눈치, 시댁 눈치 보며 왜 살아야 하는지도 모르겠다고 한다. 동생들은 지금처럼 자유롭게 사는 게 더 좋다고 한다.

"처제들이 눈이 높아."

"뭐라고? 무슨 눈이 높아. 전혀 그렇지 않을 걸."

"나를 보면 그럴 수도 있어. 형부가 언니한테 잘해주니까 모든 기준이 나한테 맞춰져 있을 거 아냐. 나 같은 남자 찾는 게 쉽겠어? 하하하."

많은 이들의 본보기로 삶의 갈등들을 현명하게 해결하고 행복한 결혼생활을 유지하는 우리의 모습을 앞으로도 꾸준히 보여주고 싶다. 이런 우리를 보며 결혼에 대해 마음을 닫은 사람들이 또 다른 행복의 가능성을 열어보았으면 좋겠다.

사회적인 여러 요인들로 인해 젊은이들이 결혼을 아예 생각하지 않고 있습니다. 비혼인들을 비난할 일이 아닙니다. 비혼인들에게도 그런 결정을 한 이유가 있을테니까요.

하지만 결혼을 앞뒀거나 결혼할 생각이 있다면 명심합시다. 결혼은 모 아니면 도가 절대 아닙니다. 살다 보면 개, 걸, 윷도 많이 나옵니다. 다양한 변수 속에서도 절대 흔들리지 말고 변치 않은 마음으로 살아갑시다. 내 꿈과 미래를 향해 비상할 수 있는 결혼을 합시다.

✲ 결혼? 적극 추천!

개그우먼 홍윤화는 개그맨 김민기와 9년 연애 끝에 결혼했다. 홍윤화는 SBS 파워FM 〈두시 탈출 컬투쇼〉에 출연해 신혼 생활에 대해서 털어놨다.

"연애와 결혼은 약간 다른데 더 재미있어요."

홍윤화는 결혼을 적극 추천한다고 말했다. 새벽에 야식 먹을 친구도 있고, 싸워도 한 공간에 있으니 금방 풀어진다는 등 결혼의 장점에 대해 이야기했다. 또한 함께하니 좋은 게 더 많아진다며 신혼의 달달함을 보여줬다.

사랑하는 사람들은 결혼으로 또 다른 행복을 찾을 수 있다. 더 좋은 것을 함께할 수 있는 시간을 가질 수 있다.

✲ 23강

아내의 꿈을 다시 지지하라

결혼 생활은 개인의 변화와 성장,
사랑을 표현하는 방식에 있어서의 변화와 성장을 가능케 한다.
– 펄 벅

2018년 KBS 연예대상에서 팽현숙이 '베스트 엔터테이너 상'을 수상했다. 팽현숙은 눈물을 흘리며 남편 최양락에게 감사함을 전했다.

"남편이 늘 저에게 교양이 부족하다고 해서 51세에 대학에 입학을 했어요. 우리 남편 최양락 씨가 아침밥을 해주면서 절 강원도의 대학까지 차로 보내주었어요. 여보, 너무 감사합니다. 당신이 있어서 여기까지 왔어요. 사랑해요. 그리고 여러분들도 꿈을 가지세요. 할 수 있습니다."

결혼과 출산으로 경력이 단절된 여성들에게는 남편의 도움이 필수적이다. 이 경우 남편의 외조가 없다면 아내의 성장은 거의 불가능하다고 봐도 무방하다. 아내의 미래를, 아내의 꿈을, 아내의 능력을 되살리는 것은 바로 남편의 외조다.

준하 이야기

총각 시절, 연애도 안 하고 결혼 생각도 없던 나에게 어느 날 어머니가 물었다.

"니는 아직 장가를 안 가노? 아예 갈 마음 없는 거 아이가?"

"엄마, 유능하고 명석한 보석 같은 여자가 없어요. 하하."

"머라카노, 니가 원석(原石)을 찾아가 보석(寶石)을 만들면 될 거 아이가."

그리고 나는 아내를 만났다. 결혼 후에 아내가 직장을 그만두고 가정과 육아에만 전념한다는 건 불합리하다고 생각했다. 아내의 능력도 뛰어나다면 자신의 꿈을 위해 열심히 노력해야 된다고 생각했다. 아내는 L백화점 화장품 코너의 매니저였다. 항상 열심히 일했다.

'내 제품 파는 것도 아니고 남의 제품 파는 데도 저렇게 지극정성인데, 만약 아내가 내 사업을 함께 하면 더 잘할 것 같아.'

어느 날 저녁, 아내에게 내 생각을 말했다. 아내는 그 달의 월급만 딱 받고는 10년이나 넘게 일한 직장을 척 하니 그만두었다. 사무실에 출근한 아내의 행보는 그야말로 일사천리였다. 그녀는 하나를 배우면 열을 깨우쳤다. 사무실 청소, 음향과 조명 장비 정리정돈, 월급명세서와 거래명세서 정리, 풍선 장식, 음향 오퍼레이터까지.

행사장에서 만난 업계 동료들의 칭찬도 너무 대단했다.

"와! 일당백입니다!"
"저희보다 훨씬 낫네요!"

아내는 레크리에이션에도 도전했다. 끼, 센스, 노력 3박자를 고루 갖춘 아내의 레크리에이션 진행 실력은 매일 발전했다. 또 우리 부부는 부부행복 강사로 활동했다. 많은 기관과 기업체의 강의가 들어왔고 우리의 찰떡궁합으로 강의가 유쾌하게 진행되었다.

나는 오늘도 그녀가 무엇을 하면 더 잘 어울릴까를 고민한다. 나의 어머니 바람처럼 처음에는 원석(原石) 같던 아내를 만나서 보석(寶石) 같은 존재로 만드는 과정은 지금도 현재 진행형이다. 아내의 도전은 무한대이며, 지금부터 시작일 뿐이다.

영미 이야기

나에게도 꿈이 있었다.

'고등학교 졸업하면 서울로 갈 거야. 서울에서 살다가 미국으로 가야지, 한국에서만 살기엔 이 세상이 너무 넓으니까.'

그리고 고교 졸업 후 우여곡절 끝에 서울로 오게 되었다. 자리를 잡지 못하다 L사에 입사하여 백화점 파견사원으로 일을 하게 되었다. 내 꿈에 변동이 생겼다.

'L사에서 열심히 일하고 나를 성장시킨 후 프랑스에 있는 본사로 꼭 들어가리라.'

나는 영어 학원도 다니고, 불어 교재를 사서 기초를 공부하기도 했다. 그러나 사람의 계획은 마음먹은 대로 되지 않는다고 했던가? 나의 꿈들은 결혼을 하면서 대폭 수정이 되었다.

마침 본사에서 자리 이동 요청이 반려되었다. 인정받지 못한다는 생각에 절망하고 있을 때 남편이 퇴사하고 회사를 같이 운영해나가자고 제안해왔다. 나는 그 길로 회사에 사직서를 제출하였다. 때로 힘이 들기도 했지만 재미도 있고 늘 새로웠다. 지금은 공부를 하고 있다. 얼마 전 박사과정을 수료한 남편의 뒤를 이어 박사과정에 도전했다.

남편은 자기 혼자 발전하려 하지 않는다. 아내도 남편과 똑같이 발전해야 한다고 생각하는 사람이다. 왜? 우리는 부부이고 평등해야 하는 사람이니까.

지금도 남편은 내가 뭐든 하겠다고 나서면 제일 먼저 도와주는 사람이다. 남편이 내 삶의 꿈들을 이루게 해주는 계단이 되어주니 나만큼 복 많은 사람도 없을 것이다. 남편의 응원에 힘입어 오늘도 내 꿈에 한 발 다가서본다. 남편은 내 인생에 걸림돌이 아니다. 내 꿈에 더 가까이 오를 수 있게 해주는 디딤돌이다.

부부 이야기

아내가 다시 꿈을 꾸게 해주세요. 세상에서 남편의 외조만큼 큰 힘이 되는 건 없을 겁니다. 내조만 중요한 게 아닙니다. 이제 남편의 외조가 오히려 필요한 세상입니다. 아내가 아니라 한 사람의 독립된 인격체로서 능력과 가능성을 봐주세요.

아내가 자신의 능력을 마음껏 발휘할 수 있도록 남편의 적극적인 지지와 격려의 외조가 꼭 필요합니다. 성공한 여성의 배경에는 남편의 무한한 격려와 지지가 숨겨져 있습니다.

✻ 24강

팀워크는 배려에서 시작된다

아내는 남편에게, 남편은 아내에게 성인과 같이 어질기만을 바라서는 안 된다.
만약 아내나 남편이 성인이었다면 당신과 결혼하지 않았을 것이다.
－앤드류 카네기

"서로 배려해줘야 돼. 절대로 같을 수는 없잖아. 20년 넘도록 각자 나름대로 생활을 했기 때문에 자기가 가지고 있는 개성은 영원히 갖고 있는 거야. 왜 이렇게 다르기만 할까? 이걸 집중적으로 생각하면 어려워."

SBS 〈동상이몽2〉에서 50년차 부부 최불암, 이민자 부부가 출연해 결혼 3년차 라이머, 안현모 부부와 대화를 나눴다. 그녀의 말에 스튜디오의 출연진은 '명강의다.'라며 동의를 표시했다.

대화를 나눈 뒤, 저녁 식사로 남편 최불암이 돼지껍데기 집을 언급하자, 아내 이민자는 고개를 끄덕이며 "가서 잡숴요."라고 말했다. 다른 식성조차 서로 인정하며 배려하기에 50년을 변함없이 살아올 수 있지 않았을까?

부부는 배려에서부터 출발한다. 다른 부분이더라도, 작은 허물이라도 덮어줄 수 있는 배려와 포용이 필요하다. 부부는 한 팀이다. 경기에서 자칫 실수하거나 잘못을 하더라도 팀 동료 간에는 서로 격려해주고, 서로의 전문 분야를 존중해주고, 상처받지 않도록 보듬어줘야 한다. 그래야 팀워크가 깨지지 않는다. 팀워크는 배려에서 시작된다.

준하 이야기

몇 년 전, 1박 2일 강의 일정을 위해 A리조트에 갔다. 내 차엔 장비와 물품을 가득 실었고, 아내 차에는 담당자들을 태웠다. 아내가 담당자들을 태우고 식당 주차장에서 막 나오고 있었다. 난 부지불식간 크게 고함을 질렀다.

"앗! 전봇대에 닿겠어! 조심해요!"

차가 전봇대랑 부딪히기 일보 직전이었다. 운전하던 아내도, 담당자도, 스태프도, 주차장 직원도, 주위 사람들도 모두 놀랐다.

"아, 잘 봐야죠. 전봇대에 차가 받힐 뻔 했잖아요. 운전을 하루 이틀 한 것도 아니고 왜 그래요? 제발 조심조심해서 운전하세요."
"아니, 지금 잘 보거든요. 걱정 마세요. 소리는 왜 그렇게 질러요? 깜짝 놀랐네요."

아내는 금세 차를 도로 쪽으로 뺀 후 리조트로 갔다. 여러 사람들 앞에서 잠시 무안을 주었나 싶어 미안한 마음에 아내에게 말했다.

“아깐 미안했어.”

“사람 많은 데서 왜 그랬어? 화났지만 겨우 참았어.”

“응, 미안해. 조심해서 올라가. 내일 봐.”

새벽 1시쯤 일이 거의 마무리 되어 야식을 사려고 차를 탔다. 시동을 걸고 막 후진하는 순간, ‘쿵!’ 하는 소리와 함께 차의 뒷범퍼가 잠깐 출렁거렸다.

‘앗! 사고 났구나!’

얼른 내려 차 뒤쪽으로 가보니 명품 고가, 메이드 인 이태리의 F스포츠카였다. 순간 눈앞이 깜깜해졌다. 머리는 만년설처럼 하얗게 변했다. 가슴은 절구방아처럼 내려앉았다. 그리고 심장은 기름 속에 들어간 튀김처럼 쉼 없이 튀기 시작했다. 가만히 핸드폰의 손전등으로 외제차 F를 살펴보니 보닛 아래쪽에 5cm 정도의 작은 흠집이 나 있었다.

아내에 대한 미안함과 나의 부주의로 서글픔이 울컥 밀려왔다. 아까 낮엔 사고날까 봐 그런답시고 아내한테 노발대발 고함치던 놈이 정작 외제차를 긁는 대형 사고를 쳐버리고 말았다. 아내에게 한 내 언행이 너무 미안했고 한심하다는 생각이 밀물처럼 들어왔다. 아내에게 무안을 준 내가 벌을 받는 것 같았다. 미안함, 부끄러움, 서글픔의 많은 감정이 오고갔다.

다행히 차주분이 신사적으로 해결해주셨다. 다음 날, 아내에게 전날의 차 사고에 대해 말했다.

"정말? 나한텐 고래고래 소리지르더니, 정작 본인은 외제차 긁어먹고. 어휴!"

"미안해. 입이 열 개라도 할 말이 없어. 자기한테 제일 미안해. 내가 벌 받은 거야. 용서해줘."

"그래. 엎질러진 물이잖아. 보험사에서 전화 오면 알아서 처리할게. 자기는 행사에만 집중해. Don't worry, Be happy!"

아내의 배려에 무거운 마음의 짐을 벗었다. 나의 심술로 아내에게 무안을 주었던 것, 배려심이 없었던 것이 너무 미안했다.

영미 이야기 ·

상대방에게 무안함과 모욕감을 주면 복수의 대상이 될 수 있다. 특히, 부부 사이에서는 더 조심해야 한다. 가장 가까운 사람이 가장 큰 상처를 안겨줄 수 있다는 법이다.

몇 년 전, 집에 도둑이 든 적이 있었다. 일 끝나고 집에 들어갔는데 집의 불이 모두 켜져 있고, 거실의 창문이 활짝 열려 있었다. 서둘러 안방으로 들어간 나는 남편 몰래 숨겨두었던 비상금의 위치를 확인했다.

없었다. 귀신도 모를 거라고 생각하고 숨겨둔 비상금이 사라졌다. 거실에 멍하니 앉아 있었다. 경찰이 도착하여 도난품을 체크하기 시작했다. 남편의 눈치를 살피며 사라진 돈의 금액을 실토했다. 300만 원! 남편의 눈치를 보고 있는 내게, 남편이 아무렇지 않은 듯 말을 걸었다.

"최영미! 돈을 그렇게 많이 모아뒀어? 잘 좀 숨기지. 내 비상금은 안 가져갔더라."

"미안, 은행에 가기 귀찮아서 살짝 숨겨뒀는데, 어떻게 알았을까? 아무도 모를 거라고 생각했는데."

"그러게 돈을 왜 그런 곳에 숨겼어. 나처럼 잘 숨겼어야지, 바보야!"

돈을 잃어버린 나를 놀리긴 했지만 현금을 왜 집에 두고 다니냐는 원망의 말은 없었다. 우리가 집에 없을 때 도둑이 들었고, 나 혼자 있을 때 이런 일을 겪지 않은 것에 대해 천만다행이라는 말만 연거푸 했다. 남편에게 미안하고 고마웠다.

이미 지난 일 들춰서 좋을 건 하나도 없다. 결혼 생활을 하면서 수없이 깨닫게 된 일 중 하나는 '이미 일어난 사건에 대해서 따지지 말고, 해결책을 찾자.'이다. 그래서인지 우리 부부는 서로를 탓하는 일이 없다.

부부 이야기

"인생은 양손으로 다섯 개의 공을 던지고 받는 게임이다. 그 다섯 개의 공은 일, 가족, 건강, 친구, 자기 자신이다. 우리는 끊임없이 이 다섯 개의 공을 던지고 받아야 되는데, 그 중의 '일'이란 공은 고무공이라서 땅에 떨어져도 다시 튀어 올라온다. 하지만 가족, 건강, 친구, 자기 자신의 나머지 네 개의 공은 유리공이다. 한 번 떨어지면 돌이킬 수 없이 흠집이 나거나, 금이 가거나, 아니면 완전히 깨져버린다. 우리는 이 다섯 개의 공 이야기를 제대로 이해해야 제대로 된 삶을 살 수 있다."

– 제임스 패터슨, 『더 다이어리』

가족 혹은 부부는 한 번 깨지면 다시 제 상태로 원상복귀하기가 매우 힘듭니다. 그러니 사소한 것들은 배려하고, 용서해주고, 이해해주면서 살아요. '괜찮아!'라는 넉넉한 마음으로 살아가시길 바랍니다.

✻ 대상 남편, 최우수상 아내!

올해 둘째 아들을 얻은 탤런트이자 영화배우인 지성 · 이보영 부부는 연기 실력과 열정, 그리고 서로에 대한 사랑으로 유명하다. 특히 2017년에는 대상과 최우수상을 나란히 수상하기도 해 '일과 사랑을 다 잡은 완벽한 부부'로도 알려져 있다. 지성은 한 인터뷰에서 이렇게 말했다.

"삶을 포기하고 싶을 때나 지쳤을 때, 뭔가 내려놓고 싶었을 때, 나를 지탱해준 건 배우라는 직업과 아내 이보영의 존재였다."

두 사람은 드라마에서 첫만남을 가져 자칭 '1호 팬' 지성의 적극적인 대시로 연애를 시작하게 되었고, 결국 결혼에 골인했다. 이후로도 지성은 '이보영 바라기', '사랑꾼'의 모습을 많이 보여주었다.

'영화관에서 선호하는 좌석이 있느냐'는 질문에 "그런 건 없다. 보영이 옆 자리가 내 자리다."라고 말하기도 했고, 첫째의 태명 '보베'는 '보영 베이비', 둘째의 태명 '보아'는 '보영 아기'라고 말해 아내에 대한 사랑을 드러냈다.

"나한테 많은 힘을 줬고 방향을 똑바로 볼 수 있게 해줬다. 용기도 줬다."

이 부부는 결혼 후에도, 아내의 출산 후에도 서로를 배려하며 커리어를 키워나가고 꿈을 향한 걸음을 멈추지 않고 있다. 그러면서도 두 사람의 사랑도 변함없이 달달하니, 이보다 더 훌륭할 수 있을까?

사랑하기 시작했던 그 순간,
그 초심을 죽을 때까지 지킬 수 있겠는가?

제 5 주 제

금기를 깨지 않아서 행복한 부부

"결혼한 이상 반드시 지켜야 할 룰이 있습니다."

부부는 한 쇠사슬로 묶인 죄수이다.
따라서 부부는 발을 맞추고 걷지 않으면 안 된다.

- 막심 고리키

✻ 25강

백년해로의 첫 걸음은 건강이다

진실하게 맺어진 부부는 젊음의 상실이 불행으로 느껴지지 않는다.
왜냐하면 같이 늙어가는 즐거움이 나이 먹는 괴로움을 잊게 해주기 때문이다.
– 앙드레 모루아

2018년, 송해 부부는 갑작스러운 감기증세로 함께 입원했다. 남편 송해는 건강한 모습으로 퇴원했지만 불행하게도 아내는 세상을 떠났다. 아내를 향한 송해의 영원히 변치 않는 사랑의 사부곡(思婦曲)이 시청자들로 하여금 심금을 울리게 했다.

"내 속으론 당신에게 무슨 할 이야기가 있겠소만. … 부디 하늘나라에 가서라도 아무 생각 다 내려놓고 나 올 때까지 편안히 기다려요. 여보, 안녕. 잘 가오."

배우자는 전혀 예기치 않게, 아무런 예고도 없이, 어떤 준비도 없이 어느 날 갑자기 떠나보낼 수 있다. 그러니 항상 배우자의 건강을 점검하고, 확인하고, 그리고 아껴줘야 한다.

준하 이야기

내가 가장 존경하는 롤 모델은 송해 선생님이다. 올해 93세인 선생님께서는 KBS 〈전국노래자랑〉을 39년간 진행하면서 현재 아시아 최고령 진행자이시다. 무엇보다도 좋아하는 일을 즐겁게 하시는 것이 장수의 비결 같다.

문득 생각나는 황당하고, 웃기고, 창피스러운 에피소드가 있어서 용기 내어 적어본다. 2년 전, 내가 먼저 퇴근 후 귀가했고 아내는 다른 약속으로 외부에 있었다. 집 근처로 택시를 타고 오는 아내에게서 전화가 왔다.

"자기야, 난데. 우리 저녁은 매콤한 꽃게찜 먹자."
"응. 좋지. 알았어. 집 근처 오면 전화 줘. 자기가 탄 택시 타고 같이 식당으로 가자."
"알았어. 이따 봐."

집 근처까지 도착하는 시간이 약 15분쯤 남았다. 나는 저녁 식사 후의 달콤한 밤을 상상하며 신체의 소중한 부분인 성기 근처의 음모를 가위로 정리하려고 마음먹고 화장실로 갔다. 빨리 제모를 하고 맛있는 꽃게찜을 먹으려는 마음으로 작업을 서둘렀다. 복부랑 연결된 음모는 잘 정리가 되었다. 그런데 고환 쪽 음모를 제거하던 순간, 날카로운 가위가 고환의 얇은 피부를 스쳐 지나갔다.

앗! 따끔한 순간의 아픔이 느껴지더니 가윗날 자국으로 피가 나기 시작했다. 붉은 선혈이 멈추지 않고 계속 흐르고 있었다. 찢어진 부분은 0.5cm 정도였지만 혈관이 밀집된 부분이라 더 위험했다. 피가 멈추지 않고 계속 흐르자 덜컥 겁이 나고 무서워지기 시작했다. 나는 다급하게 아내에게 전화했다.

"자기야! 나 거의 다 왔어."
"근데, 영미야. 나 사고 났어."
"사고? 무슨 사고?"
"고추에서 피 나와."
"왜 그래? 무슨 일이야."
"털 자르다가 X알 잘랐어."
"이게 무슨 소리…? 일단, 빨리 나와!"

휴지로 일단 응급처리를 한 나는 아내가 타고 온 택시에 동승한 후, 바로 근처의 병원 응급실로 향했다. 접수한 후 차례를 기다렸다. 몇 분 후 의사들이 왔다. 그중에 여자 의사선생님이 내 담당의사였다. 라텍스 장갑을

낀 의사는 바지를 내리라고 하고선 내 고환의 이곳저곳을 만지작거리며 상세히 조사했다. 정말 남자로서 치부를 내놓으니 너무 민망하고 창피스럽고 부끄러웠다.

"네, 이 부분이군요. 어떻게 사고 났어요?"
"가위로 제모 작업하다가 베었습니다. 선생님."

그러자 여의사는 남자 레지던트에게 말했다.

"자. 여기 이 상처 부위를 자세히 잘 봐. 여기가 혈관이 가장 잘 모여 있는 곳이야. 매우 위험해. 이럴 땐 먼저 연고 바르고, 수술할지는 경과를 지켜봐야 돼. 알았지?"

바지를 벗고 서 있는 나의 소중한 부분을 보면서 의사 두 분이 환부를 설명했다. 그 짧은 시간이 길고 긴 하루처럼 아득하게 느껴졌다. 응급실에서 치료를 받고 나온 우리는 집으로 곧장 향했다. 꽃게찜 생각은 이미 머릿속을 떠난 지가 오래였다. 집에서 식사를 하고선 거실에서 TV를 보는데, 갑자기 아내가 크게 웃기 시작했다.

"푸하하하. 와, 웃겨. 대박 사건이야. 하하하."

"자꾸 웃지 마. 나 창피하단 말이야!"

"나라를 위해 피 흘린 것도 아니고. 털 자르다가 피를 흘려. 하하하."

그러다 아내가 문득 이렇게 말했다.

"자기야, 우리 죽을 때는 같이 죽자."

"무슨 소리야? 같이 죽자니? 동반 자살이라도 하자는 얘기야? 그런 무서운 이야기는 하지도 마."

"아니, 그게 아니고, 자기랑 한날한시에 같이 죽었으면 좋겠어. 자기가 먼저 죽으면 놀 친구 없어서 심심하단 말이야."

"하하하. 괜찮아. 건강히 오래 살 거니까 걱정 마."

웃음 띤 말에 나도 그만 따라 웃고 말았다. 연애 시절의 뜨거움은 아니지만 둘도 없는 친구처럼 지내다 보니 이 사람의 부재만큼 외로운 일도 없을 것 같단 생각이 든다. 내가 없으면 심심할 것 같다는 말이 '사랑해!'라는 의미 없는 메아리보다 100배는 달달했다.

'나도 자기 없으면 심심해.'

영미 이야기 

5년 전, 아이를 갖기 위해 병원엘 다닐 때였다. 뇌 MRI를 찍으려고 준비하는데 남편의 얼굴엔 수심이 가득했다. 늘 잘 웃던 남편이 웃지도 않았다. 검사를 받기 위해 옷을 갈아입고 대기석에 앉아 있는데 남편이 내 손을 꼭 잡으며 말한다.

"영미야, 걱정하지 마. 별일 없을 거야."

그런데 정작 꼭 잡은 손에서 떨림이 느껴졌다. 긴장은 남편이 더 한 것 같았다. 난 아무렇지 않은 듯 웃으며 괜찮다고 말하고 검사실로 향했다.

MRI검사는 45분 정도가 걸렸고 검사받는 동안 밧줄에 묶인 듯 옴짝달싹하면 안됐다. 윙윙거리는 요란한 소리는 귀가 따가웠고, 몸은 피가 통하지 않는 것처럼 저렸다.

그렇게 검사를 마친 나는 기진맥진한 채로 검사실을 나왔을 때 나를 보자마자 남편이 뛰어왔다. 집으로 돌아가는 택시 안에서 남편은 손을 꼭 쥐어 잡으며 말했다.

"영미야, 아프지 마. 알았지?"

"걱정하지 마. 큰병 없을 거야. 내가 체력은 약해도 크게 아픈 곳은 없잖아."

검사 결과는 정상이었다. 뇌에 문제가 있는 것이 아니라 심한 스트레스로 인해 호르몬 수치가 높았던 것이었다. 남편과 나는 큰 병이 아닌 것에 안도했지만, 내가 평소 스트레스를 많이 받고 있었다는 것에 대해 알게 되었다. 그 일 이후 남편은 내가 스트레스를 받지 않기 위해 술도 자제하고 일찍 들어왔다.

우리 부부는 가끔 미래에 대한 약속을 한다. 치매에 걸리면 꼭 요양원으로 보낼 것, 절대 먼저 죽지 말 것!

둘 중 하나가 먼저 죽으면 남은 한 명은 질병이나 노환이 아니라 심심해서 죽게 될 것이라고 농담하며 웃곤 했다. 남편은 내가 아프다는 말을 해도 짜증을 내지 않는다. 다른 부부들 얘기를 들어보면 짜증부터 낸다는데 내 남편은 짜증은커녕 약을 챙겨주고 잠자리도 봐주니 이런 자상하고 고마운 남편은 세상에 또 없을 것이다. 오래도록 행복하게 잘 지냈으면 하는 마음이 간절하다.

부부 이야기

인생에서 가장 중요한 것은 '건강'입니다. 결혼을 한 순간부터 배우자를 위한 내 건강을 생각해야 합니다. 건강이 내 것이라 믿을 때 사람은 스스로를 과신하게 됩니다. 그러나 상대를 위한 건강이라면 언제나 자신의 몸을 아끼고 소중하게 다룰 것입니다.

당신을 아끼세요. 절대 당신의 몸을 혹사시키지 마세요. 당신이 사랑하는 사람을 위해서 당신을 더더욱 아끼세요!

✻ 26강

폭행과 폭언은 돌이킬 수 없는 상처를 준다

왕이든 백성이든, 자기 가정에서 평화를 발견하는 자가 가장 행복하다.
– 괴테

2019년, I도시의 한 남편이 별거 중에 이혼을 요구하는 아내를 무참히 살해했다.

아내는 폭행하는 남편을 피해 이리저리 이사를 다녔다. 그럴 때마다 남편은 집요하게 아내를 찾아가 또 폭행했다. 남편은 아내가 어디에 있는지 알 수 없어지자 하교하는 자녀의 뒤를 몰래 밟아 집을 알아낸 다음 아내를 살해했다. 자녀는 청와대 국민 청원 게시판에 자신의 아빠를 이 사회와 격리시켜달라는 호소의 글을 올렸다. 결국 남편은 법원에서 징역 25년 형을 선고받고 복역 중이다.

끔찍한 일이다. 한 사람의 폭력이 그 배우자의 삶을 빼앗고, 배우자를 사랑하는 모든 이들의 삶, 아이들의 삶, 본인의 삶까지 엉망진창으로 만들었다.

폭력은 그 어떤 명제하에서도 정당화될 수 없다. 폭력을 가하는 배우자는 이 사회가 적극적으로 나서야 한다. 더 이상 폭력으로 아픔과 어려움에 처한 사람들이 나오지 않도록 조치를 취해야 한다.

준하 이야기

가정 폭력은 그 어떤 이유를 막론하고 용납될 수 없고, 용서될 수도 없다! 폭력을 가하는 것은 비신사적, 야만적, 동물적 행위이다.

난 여태까지 아내에게 화가 나서 물건을 던지거나 부순 적이 단 한 번도 없고, 또 앞으로도 없을 것이다.

이제는 말할 수 있다. 아내에게 이 책을 빌어서 고백한다. 2년 전쯤, 비즈니스 조찬 모임에 부부 동반으로 참석할 일이 생겨 집을 나섰다. 전날의 작은 언쟁으로 팽팽한 대치 상황이었다. 모임이 있는 호텔 주차장에 주차한 아내에게 내가 먼저 말문을 열었다.

"내가 먼저 모임에서 나오니까 차 키는 주고 가야지."

그런데 아내가 차 문을 열더니 나에게 차 키를 '휙' 하고 던졌다.

'나한테 차 키를 던졌어?'

아내의 뒷모습을 보며 나도 모르게 화가 치밀어올랐다. 하지만 소심한

난 뭐라고 말하지 못했다. 아내가 들어간 뒤에야 "어휴!" 하며 주먹으로 차 앞 유리창을 세게 쳤다. 그 순간, 아뿔싸! 차 앞 유리창이 '우지직' 소리와 함께 사방팔방으로 금이 갔다. 어라, 왜 이래? 큰일 났다. 아내가 알면 노발대발할 텐데! 낭패도 이런 낭패가 없었다.

'어쩌면 좋을까? 하늘이여, 제발 저에게 지혜를 주소서!'

바로 1분 전 아내를 향한 분노는 온데간데없이 사라지고 대마왕 같은 살벌한 아내의 얼굴이 연상되었다. 난 오로지 이 상황을 어떻게 모면해서 완전범죄로 만들까에 대한 생각뿐이었다. 나의 뇌가 빠르게 작동하기 시작했다.

'그래! 아내가 다시 돌아오려면 2시간의 공백이 있으니 그 시간 안에 완벽하게 감쪽같이 유리창을 교체하면 돼!'

내 지인 중에 입이 무거운 카센터를 알아본 뒤 비상금을 탈탈 털어 순식간에 유리창을 교체했다. 모임을 다녀온 아내는 연신 고개를 갸우뚱거리며 무언가가 바뀐 것 같다는 말만 되풀이했다. 아내 앞에서는 물론 아내가 없을 때도 너무나 당연히 폭력적인 행동은 금물이라는 것을 절실하게 깨달은 날이었다!

모든 일에 초동 대처가 중요하듯 부부 관계도 마찬가지다. 감정의 골은 아주 사소한 것에서부터 시작된다. 그럼 그때마다 마음속으로 일단 정지를 외쳐보자. 브레이크를 밟으며 속도를 늦춘다면 화도 내려가고 서로간의 오해 부분이 조금씩 풀린다.

그러나 폭력은 습관이다. 한 번 손찌검하거나, 물건을 던지거나, 폭언을 하게 되면 습관적으로 계속 하면서 그 강도는 더 세진다. 폭언과 폭력은 처음부터 절대 하지 말아야 한다. 때리지도 말고, 맞지도 말자!

영미 이야기 ··························

부부 간 폭력이 발생하는 순간 '끝'이라는 생각이 확고하다. 무엇이든 처음이 어렵기에 한번 발생하게 되면 두 번, 세 번이 되는 것은 매우 쉽다.

얼마 전 일이다. 한 업체의 대표인 J는 나에게 남편한테 잘하라는 말을 한 적이 있다. 처음에는 알겠다고 하고 대수롭지 않게 넘겼지만 집으로 돌아와 그 말을 한 의도가 궁금해서 다시 만난 날 되물어봤다.

"언젠가 조찬 모임 때 남편이 새벽까지 술 마시고 모임 몇 시간 전에 집에 귀가하셨다고 했지요? 저는 그날 남편이 대단하다 생각했습니다. 사실 술 마시고 늦게 들어오면 조찬 모임은 못 나오기 마련이거든요. 그런데 남편은 술 냄새를 풍기면서도 모임에 나와서 제 역할을 아주 성실하게 해냈습니다. 그런데 그날 저는 최 대표님께서 못마땅한 듯 남편을 무섭게 째려보는 걸 봤습니다. 아주 찰나 같은 시간이었지만 최 대표님이 얼마나 화가 나 있는지 알 수 있을 정도였습니다. 조금 더 잘했다 칭찬해주고, 사랑스러운 눈빛으로 바라보면 좋겠다는 생각을 했습니다."

그의 말을 듣곤 뒤통수를 망치로 맞은 느낌이었다. 첫 번째 이유는 남편을 째려봤던 것이 정말 찰나와 같은 시간이었기 때문이다. 두 번째 이유는 나의 시선이 나는 물론이고 내 남편의 이미지를 좋지 않게 만들 수 있다는 깨달음 때문이다.

나는 신체적 접촉이나 말을 통한 것만이 폭력이라 생각했다. 하지만 그의 말을 듣고 나선 내가 바라보는 시선 또한 폭력이 될 수 있음을 생각하게 되었다. 나와 남편의 품격을 해치고, 어쩌면 남편의 마음에 상처를 주는 폭력 말이다.

부부 이야기

우리 기억을 한번 더듬어봅시다. 혹시 결혼식 할 때 주례사 선생님의 '혼인서약' 기억나세요? 가물가물하실 겁니다.

"신랑 ○○○ 군과 신부 ○○○ 양은 건강하거나 병약할 때나, 부유하거나 가난할 때나 그 어떠한 경우나 상황이 오더라도 항상 변하지 않고 사랑하고 존중하며 일평생 진실한 남편과 아내의 도리를 다할 것을 맹세하십니까?"

결혼식을 하신 지 몇 년이든 몇십 년이든 훌쩍 지났을 것입니다. 지금 배우자에게 혼인서약의 내용처럼 서로를 아끼면서 살고 있는지 생각해봅시다. 지금부터라도 더욱 아끼고 사랑하세요!

✻ 27강

'욱!'하기 전 3초만 참아라

남자의 집은 아내이다.
–『탈무드』

결혼 25년 차인 이무송과 노사연 부부는 TV의 방송 프로그램에 나오면 티격태격한다. 하지만 그러면서도 잘 풀고 알콩달콩 살아가는 모습으로 유명하다. 그러나 그들에게도 어려움은 있었다. 아내 노사연의 욱하는 성격 때문이다.

MBN 〈속풀이쇼 동치미〉에 남편 이무송이 출연했다. 그는 "아내 노사연의 급하고 욱하는 성격이 부부의 문제다. 대화를 이어가지 못하고 늘 싸움이 된다."고 말했다. 평소 감성이 예민한 편인 이무송은 문제가 있어도 혼자 삭이게 되었고, 상처를 받다 보니 우울증까지 왔었다고 했다. 그러나 두 사람은 이제 그 문제를 해결하고, 서로의 애정을 확인하며 계속 잘 살고 있다.

“결혼은 남이 아니라 제 자신을 깎는 거예요. 제가 저를 깎아 둥글게 만들면서 모나지 않게 어디든지 다 가는 겁니다.”

MBC 〈휴먼다큐-사람이 좋다〉에서 아내 노사연의 말은 이들 부부의 사랑을 보여주며 잔잔한 감동과 여운을 주었다.

준하 이야기

난 애주가다. 모임도 많아서 곤드레만드레 취해 집에 오는 날이 많다. 신혼 초, 술에 취해 집에 돌아온 내게 아내가 잔소리를 퍼부은 적이 있었다.

"허구헌 날 술만 퍼마시고 다녀? 이럴 거면 술집에서 살지, 나랑 왜 결혼했어?"

"누구는 술이 좋아 마시니? 사람이 좋아서 마시지. 술을 끊으면 사람이 끊어진다고."

"적당히 마시면 되지. 자기 몸이 자기 것이기만 해? 매일매일 마시고 다니니 건강이 걱정되잖아!"

아내의 잔소리가 평소의 5분을 넘어 시계 반 바퀴를 넘어서려 하고 있었다. 처음엔 나도 미안해하며 사과를 했지만 잔소리가 마무리되지 않았다. 그러자 나도 모르게 점점 부아가 치밀어올랐다.

그 순간, 식탁 위의 컵이 눈에 들어왔다. 물찬제비처럼 쏜살같이 컵을 낚아채서 바닥으로 내려칠 듯 손을 번쩍 들었다. 두어 걸음 앞에서 잔소리를 쏟아내던 아내가 충격을 받은 듯 동공이 오백 원짜리 동전만큼 커졌다. 그러면서 하려던 말을 멈췄다. 아니, 너무 놀라 말을 잇지 못한다는 표현이 더 맞을 것 같다. 그 찰나, 다음의 상황을 상상했다.

'지금 내가 이 물컵을 바닥에 던지면 컵이 산산조각 나겠지? 결국 눈앞의 아내와 다시는 돌이킬 수 없는 상황을 맞게 될 거야.'

순간의 선택이 평생을 좌우한다. 내가 어떻게 결혼한 아내인데, 내가 얼마나 사랑하는 아내인데! 머리로는 생각을 했지만 팔은 이미 내려가고 있었다. 속으로 외쳤다. '안 돼! 절대 안 돼! 던져선 안 돼!' 나는 물컵을 들고 수직으로 내려치려던 손의 방향을 꺾어 곧장 앞으로 쭉 뻗었다.

순간, 내 입에서 나온 한 마디의 외침!

"목마르다! 물 마실래?"

나도 모르게 툭 튀어나온 말! 아내에게 물을 권해버렸다. 그때 내 표정은 절대 목마른 자가 물을 권하는 표정이 아니었다. 무언가에 매우 놀란 표정으로 물을 권했고, 아내의 표정 또한 나와 닮아 있었다.

잠시 정적이 흘렀고 순간 그녀와 나의 볼이 씰룩거렸다. 아내가 웃음을 터뜨렸고 나도 아내를 따라 웃음이 터졌다.

“하하하. 뭐야! 갑자기 물을 권하고?”

“허허허. 갑… 갑자기 목이… 말라서…. 허허허. 자기야. 미안해. 내가 잠깐 정신이 나갔었나 봐. 다신 이런 일 없도록 할게. 미안해.”

“아니야. 나도 미안해. 당신도 늦게까지 힘들었을 텐데. 얼른 자자.”

그렇게 일명 ‘목마른 자 물컵 사건’은 여기에서 일단락됐다. 만약 그 당시 욱하는 성질을 참지 못했다면 어떻게 됐을까? 지금 내가 이렇게 글을 쓰고 있지 못했을 거라는 건 분명한 사실이다.

영미 이야기

어느 날, 남편과 업무를 보러 가는 길이었다. 3차선으로 달리고 있는데 갑자기 골목에서 차가 한 대 불쑥 튀어나왔다. 차선 안으로 1m가량 들어와 충돌을 일으킬 뻔 했다. 다행히 2차선에 차가 없어 살짝 비키며 사고를 피했다. 그들도 거리를 두고 정차하였다. 그 차가 내 차 옆으로 자리를 옮겼다. 화가 난 나는 일단 창문을 내렸다.

"운전 똑바로 하세요. 사고 날 뻔 했잖아요!"

그러자 차 안에 있던 남자와 여자가 나를 향해 욕을 퍼붓기 시작했다. 그러자 조수석에 있던 남편도 거들었다.

"욕하지 마시죠. 그 쪽에서 잘못했잖아요!"

그들은 들은 체도 하지 않고 계속 소리를 질러댔다. 나는 그들을 향해 손을 들어 올리며 외쳤다.

"반사다!"

그들은 당황한 채 더 이상 말을 하지 않았다. 그 순간 신호가 바뀌어 나는 다시 운전하기 시작했고, 남편은 차 지붕이 떠나갈 듯이 웃었다.

"자기야! 그건 어디서 배운 거야?"

"안 배웠는데. 그냥 한 번 해보고 싶었어. 속이 시원하고 재미있네."

"그래. 우리 영미가 욕 안 하고 그렇게 싸우니까 더 보기 좋네. 앞으로도 욕은 자제해. 알았지?"

남편은 그렇게 대처한 나를 대견스럽게 생각해줬고, 잘했다는 칭찬까지 했다. 내 성격이 순하고 착하지 않다는 걸 나도 안다. 그래서 남편에게 늘 미안하다. 몇 년 전까지 남편이 내게 하던 말이 있다.

"영미야, 너 일주일 동안 화 한 번도 안 냈어."

"내가? 정말?"

"응! 네가 화 안 내니까 내 마음이 편안해. 나 심장병 있는 줄 알았거든. 자기가 맨날 욱하니까 그럴 때마다 내 심장이 '쿵' 하고 내려앉아서. 근데 화 안 내고 지나가면 너무 평화로워서 행복해."

"알았어. 화 안 내도록 노력할게."

남편의 말은 나를 반성하게 만들었다.

'그동안 내 멋대로, 내 마음대로, 남편에게 너무 막 대했구나. 나는 참, 나쁜 아내구나.'

지금은 화를 내기 전에 한 번 더 생각한다. 화내지 않고 해결이 안 될 문제는 없기 때문이다.

매일매일 얼굴 보고 사는 부부는 만만한 상대가 아니라 귀하고 소중한 상대라는 것을 다시 한 번 느꼈던 순간이다.

부부 이야기

부부로 살면서 화가 나고, 울화통이 터지고, 부아가 치밀어 오르는 순간이 가끔 찾아옵니다. 그러나 그 분노는 한낱 바람에 불과하고, 소나기에 불과합니다.

폭발 3초 전, 2초 전, 1초 전, 이때! 참으세요!

순간의 화를 억누르고 잠시 쉬십시오! 바람을 쐬러 나가시든지, TV를 보시든지, 방 안으로 가시든지. 10분만 우회하세요. 이때 참지 못하면 평생 후회하는 일이 발생할 겁니다.

✻ 28강

명심!
음주운전은 범죄다!

대개의 가정 불화는 극히 작은 일에서 시작한다.
– 레프 톨스토이

2019년 5월 26일. 삼성 라이온즈와 키움 히어로즈의 경기가 열렸다. 9회 말, 3대2로 삼성 라이온즈가 뒤진 상황에서 베테랑 박한이 선수가 나왔다. 그는 2타점 2루타 끝내기 안타를 때려 짜릿한 역전승의 명승부 경기를 만들었다.

그는 그날 늦은 술자리 후 귀가하여 다음 날 아침, 자녀를 등교시켜주기 위해 본인의 차를 운전했다. 그런데 그만 접촉 사고가 나고 말았다. 비록 전날 마신 술이었지만 숙취로 인해 면허정지 수준의 수치가 나왔다. 그는 절대 용납이 안 된다며 도의적인 책임을 지겠다고 밝힌 후 자진 은퇴 선언을 했다.

화려한 은퇴식, 야구 선수의 최고 영예인 영구결번, 후배 양성을 위한 지도자의 길…. 그를 기다렸던 이 모든 명예와 꿈들이 한순간의 오판, 음주운전으로 영원한 물거품이 되고 말았다. 너무나 안타깝지만 어쩔 수 없는 상황이 된 것이다.

한순간 음주운전, 긴장 없이 방심한 음주운전은 이렇게 행복을 송두리째 빼앗아간다. 그러니까 음주운전은 항상 주의하고, 또 조심해야 하며, 경계해야 한다.

준하 이야기

"자기, 술 마셨어? 안 마셨어?"

"소주 딱 3잔 마셨어."

"음주운전은 절대로 안 되는 거 알지? 언제 술자리 끝나? 내가 대리운전 불러줄게."

"1시간쯤 후에 끝날 듯 해. 내가 알아서 대리운전 기사를 불러서 안전하게 갈게."

"알았어. 그러면 대리운전 기사 도착하면 내게 전화 바꿔줘."

"알았어. 알았습니다. 여부가 있겠습니까. 마님. 하하하."

나는 절대 음주운전을 하지 않는다. 절대 금주 운전, 절대 신호 지키기, 절대 차선 지키기, 절대 속도 지키기, 절대 욕하지 않기. 나의 5대 운전 철칙이다! 이 중에서 우리 부부가 정말 싫어하고 금기시하는 것이 바로 음주운전이다. 이를 실천하기 위해 뼛속 깊이, 마음 속 깊이 '5대 운전 철칙 습관'을 만들었다.

음주운전은 본인은 물론이거니와 타인에게 큰 상처를 주는 범죄다. 하지만 이런 걸 뻔히 알면서도 음주운전을 한다. 결국 돌이킬 수 없는 사고를 내거나 평생 지울 수 없는 주홍글씨를 남긴다.

난 한두 잔의 술만 마셔도 무조건 대리운전을 맡긴다. 모임이 술자리로 이어질 것 같으면 애당초 대중교통을 이용한다.

TV, 인터넷, 신문 …. 뉴스거리 중에서 약방의 감초가 음주운전이다. 연일 보도되는 기사의 내용을 보면 음주운전으로 선량하고 아까운 사람의 생명을 빼앗은 사건들이 많다. 한순간의 잘못된 음주운전이 타인의 인생을 송두리째 빼앗아버린다. 안타깝고 슬픈 일을 절대 만들지 말자.

영미 이야기 ······························ 

난 술을 즐기지 않는다. 체질 자체가 술을 한 잔이라도 마시면 알코올 분해도 잘 되지 않고, 숙취도 남들보다 심해서 마시질 않으니 음주운전을 할 일은 없다.

남편은 술을 좋아한다. 주 4회 이상은 술 약속이 되어 있을 정도다. 밖에서 약속이 없으면 나와 식사를 할 때라도 맥주 1~2병 정도를 마시는 편이다. 술을 즐기시는 아버님을 닮아서일까? 다행히 주사가 없으니 술을 마셔도 그냥 두는 편이다.

얼마 전, 내 고등학교 친구들과 모임이 있었다. 영광, 전주, 익산, 수원, 서울에 살다 보니 어느 한 곳에서 모이기 애매해 중간 지점인 대전에서 모임을 갖게 되었다.

식사를 하고 각자 당일 집으로 돌아가야 해서 점심시간에 약속을 잡았다. 고등학교 친구 모임이지만 남편들도 서로 친하다. 오랜만에 모인 남편들은 반주로 술잔을 기울이기 시작했고, 맥주와 소주가 테이블 위에 올라왔다. 모두 운전을 해줄 아내가 옆에 있으니 편안히 마시는 것 같았다.

즐거운 시간이 지나고 모두 헤어져 각자 집으로 돌아갔다. 토요일 저녁이라 그런지 서울로 향하는 차들이 꽤 많았다. 열심히 자고 있던 남편이 눈을 뜨고 막히는 도로 위에서 운전하는 나를 보며 한마디 건넸다.

"영미야, 피곤하면 얘기해. 내가 운전할게."
"뭐래, 자기 아직 술도 안 깬 것 같은데."

남편은 집에 도착할 때까지 운전해주겠다는 말은 하지 않았다. 옆 조수석에서 커피 주고, 간식 챙겨주는 착실한 조수 역할만 해주었다. 내가 만약 많이 피곤했다고 해도 남편에겐 운전을 부탁하지 않았을 것이다.

우리 부부 사전에 음주운전은 절대 없다. 남편에게 술 약속이 있다면 절대 차 키는 못 만지게 하고 본인도 차를 가져갈 생각조차 하지 않는다. 거리가 멀거나 지방이라면 내가 동행해서 남편의 일이 마무리될 때까지 기다렸다가 데리고 온다. 운전면허를 취득하기 전 내 소원 중의 하나가 술 취한 남편을 데리러 가는 것이었다. 이런 말을 하면 남들은 '별게 다 소원이네!'라며 웃기도 했었다.

그런데 내 눈엔 술 취한 남편을 데리러 가는 아내가 너무 멋있어 보였다. 술에 취해 인사불성이 된 남편을 안전하게 귀가시키기 위해 가는 모습이 진정으로 가족을 위하는 것처럼 보였기 때문이다.

"당신은 당신만의 몸이 아니라 우리 가족을 책임지는 아주 귀하신 몸입니다. 그러니 절대 음주운전은 생각도 말고 실천도 하지 맙시다. 대리기사가 없으면 아내에게 연락하세요. 아내는 24시간 대기할 수 있습니다."

"명성을 쌓는 데는 20년의 세월이 걸리지만, 그 명성을 무너뜨리는 데는 5분도 채 걸리지 않는다. 당신이 이걸 명심한다면, 당신의 행동이 달라질 것이다." – 워런 버핏

본인의 자리에서 흘린 땀과 노력의 결과가 한순간의 나쁜 판단과 행동으로 물거품이 됩니다.

우리는 음주운전의 피해를 귀로 너무 많이 듣고 눈으로 너무 많이 봅니다. 음주운전은 악(惡)입니다. 결코 해서도 안 되고 그냥 지켜봐도 안 됩니다. 잘못된 음주운전 버릇을 빨리 고치고, 내 가정을 지키고 남의 가정도 지키는 '금주운전'을 합시다.

✻ 29강

집착과 사랑을 구별하라

부부로 살아가기 위해서는 서로 이해하고 서로 맞추어가려고 부단히 노력해야 한다.
어쩌면 죽을 때까지 노력해야 진정한 부부가 될 수 있다.
–『주역』

"장군님, 질투를 경계해야 됩니다. 자고로 질투란 놈은 녹색 눈빛을 가진 괴물입니다. 사람의 마음을 먹이로 해서 진탕 즐기는 놈입니다."

– 셰익스피어, 『오셀로』

오셀로 장군은 베니스 시민들의 존경과 신망을 받는다. 하지만 장인과 부하의 계략으로 오셀로는 아내 데스데모나가 불륜을 저질렀다고 믿게 된다. 이에 질투심에 눈이 먼 그는 결국 아내를 살해하고 만다. 하지만 후에 진실을 알게 된 오셀로는 자책감과 수치심에 스스로 자결한다.

오셀로 증후군(Othello syndrome). 배우자를 의심하는 의부증과 의처증을 말한다. 사랑만큼이나 질투도 인간을 사로잡는 강렬한 감정이다. 질투를 사랑의 또 다른 얼굴이라 하기도 하지만, 과유불급(過猶不及)이다. 너무 지나치면 이 또한 병이 된다.

준하 이야기

지인 N이 있다. 남자가 보기에도 썩 잘생긴 외모는 아니다. 짤막한 키, 튀어나온 배. 노총각 신세를 지는가 싶었는데 구제해준 천사가 있었다. 결혼하고 얼마 후 N을 만나 술 한잔을 하게 되었다. 그런데 10분이 멀다 하고 그의 아내에게 전화가 왔다. 동행한 이들에게 부러움을 샀다.

"야! 신혼은 다르네. 뜨겁네. 뜨거워. 데이겠어!"

"와! 신혼 아닌 사람은 서러워 살겠나! 부럽다!"

"빨리 들어가야지. 새신랑!"

주위 칭찬과 찬사에도 불구하고 N의 얼굴은 점차 잿빛으로 물들고 있었다. 그 후로도 그의 아내의 전화는 계속됐다. 무르익던 술 분위기가 점차 침울해졌다.

"사실, 제 아내가 의부증이 좀 있어요. 좀… 심해요. 그래서 전화가 이렇게 와요."

N의 말에 술자리에 앉아 있던 사람들은 하나둘씩 술잔을 비우기 시작했다. N의 답답한 마음을 이해한다는 표현인 것 같았다. 술자리 장소를

옮긴 N은 이제 영상통화를 했다.

"자! 보여, 지금? 노래방 안 간다니까! 근처 호프집에 가려고 해! 지금 보이지? 여기 거리야! 걱정하지 마! 일찍 갈게!"

N은 핸드폰을 사방팔방 돌려가며 열심히 통화했다. 아내와 통화를 마친 N에게 누군가 말했다.

"들어가봐. 아내가 걱정한다. 빨리 가봐."

N은 연신 미안하다며 고개를 숙였다. 걸어가는 N의 뒷모습이 도살장으로 끌려가는 소 같았다.

난 아내를 의심하지 않는다. 아내도 날 의심하지 않는다. 서로의 신뢰도가 크다. 너무 의심이 없으면 긴장감이 떨어지지 않겠냐고? 적당한 긴장감을 위해서 의심보다는 관심이 필요하다.

의처(부)증은 본인뿐만 아니라, 배우자, 가족, 주위 사람들에게 고스란히 고통을 주게 된다. 연애 기간 중에도 지나치게 관심을 보이는 사람, 하루에도 수십 번씩 전화를 하는 사람, 나의 일거수일투족을 다 알려고 하는 사람, 나의 말을 잘 믿지 않는 사람을 조심해야 한다.

그러나 눈에 콩깍지가 씌면 이를 집착이 아니라 극진한 사랑이라고 생각하게 된다. 현명하고 지혜로운 판단이 꼭 필요하다.

영미 이야기

아주 오래전 우울한 기분으로 일도 안 하고 집안에 틀어박혀 하루하루를 보내던 시절이 있었다. 남편을 잠시나마 의심했던 것이다. 그러나 쓸데없는 걱정들이었다. 남편은 다른 이성을 만날 사람도 아니고, 나 모르게 그런 사건을 만들 사람도 아니다. 이건 남편에 대한 나의 굳건한 믿음이다.

남편은 가정이 있는데 다른 이성을 만나는 행동을 하는 사람을 싫어한다. 지인들 중 그런 사건으로 인해 갈등을 겪고 이혼까지 하는 경우가 있었다. 그러나 현재 가정에 충실하고 다른 이성을 만나는 사건도 만들지 않았는데 배우자에게 오해를 받는 경우도 있다. 그런 사람을 보면 둘 중 하나다. 상대가 의처(부)증이거나 본인이 바람 핀 경력이 있거나.

우리 부부는 서로에 대한 신뢰와 믿음 때문인지 어느 곳에도 속해 있지 않다. 각자의 지인 중에는 이성도 많이 있는데 그들을 만날 때마다 일일이 신경쓰고 견제한다면 하루하루가 지옥이 되고 어쩌면 말라 죽을지도 모른다. 상대방을 신뢰하는 건 나를 위해서 하는 일이다.

가끔 남편에게 서운할 때가 있다. 내가 활동하는 조찬 모임이 있는데 가끔 번개로 몇몇이 저녁 식사를 할 때가 있다. 그럴 때면 식사하면서 술도 한잔 하고, 이런 저런 얘기를 하다 보면 시간이 11시를 훌쩍 넘을 때가 있다. 남편에게서 전화가 없다. 저녁은 먹었는지 집에는 들어갔는지 궁금한 내가 남편에게 전화를 건다.

"자기야, 어디야? 저녁은 먹었어?"
"응. 밖에서 먹고 들어왔어."
"잘했네. 나 좀 늦을 거 같은데. 마중 나올래?"
"나 피곤해. 그냥 재미나게 놀다가 조심히 들어와."
"내 걱정이 안 되는 모양이군."
"들어올 때 버스 타지 말고 택시 타고 와."
"나 더 늦을 수도 있어. 괜찮겠어?"
"응. 나 졸려. 먼저 잘게."

모임인데 집에 신경쓰면 재미없으니까 편히 놀다가 들어오라는 남편의 뜻이다. 얼른 돌아오란 말은 없다. 그래도 내가 귀가할 때쯤 전화하면 집 앞 정류장으로 마중을 나온다. 마중 나온 남편에게 난 그날 만났던 분들과의 대화, 재미있었던 일, 저녁 메뉴 등을 열심히 얘기해준다. 남편이 궁금해서 묻는 게 아니라 나의 일상들을 남편과 공유하는 것이다. 비밀로 가지고 있을 일도 없지만 비밀을 만들어야 할 이유도 없기 때문이다.

귀찮고 묻지 않는다고 서로의 생활을 공유하지 않는다면 이 또한 서로를 의심하는 불씨가 될 수 있을지도 모른다. 작은 일이든 큰일이든 서로의 생활을 공유하는 것만큼 쓸데없는 의구심을 만들지 않을 수 있는 일은 없을 것이다.

물론 의심을 살 만한 행동은 애초에 하지 말아야 합니다. 언제든지 투명하고 명확하게 해명해줍시다. 배우자에게 너무 과한 올인은 하지 말고, 내 인생에 올인을 합시다.

배우자에 대한 지나친 관심보다는 나에게도 많은 관심과 노력을 기울여보세요. 집착과 사랑을 구별하는 지혜롭고 현명한 눈을 가져야 합니다. 충분한 애정 표현으로 사랑을 확인하고, 많은 대화를 통해 생각을 공유하는 시간이 필요합니다.

✻ '아이언맨'의 사랑

'아이언맨' 로버트 다우니 주니어는 지금이 최고의 전성기라고 해도 과언이 아니다. 그러나 헐리우드에서 가장 잘 나가는 배우인 그도 아내인 수잔을 만나기 전까지는 한치 앞도 보이지 않는 암흑 속에 있었다.

그는 8살에 마약을 처음 접한 이후로 줄곧 마약 중독이었다. 20~30대 시절은 감옥과 재활치료센터에서 보낸 것으로 알려져 있다. 그러던 어느 날 그는 수잔을 만나게 된다. 수잔은 영화 〈고티카〉의 프로듀서였고, 배우였던 로버트 다우니 주니어와 연인으로 발전했다. 그는 수잔과 만난 이후 마약과 알콜 중독에서 벗어나 정상적인 삶을 살기 시작했다.

이 뒤로 그는 〈키스키스뱅뱅〉, 〈조디악〉 등의 작품을 통해 활발히 연기 활동을 해나갔다. 그러다 〈아이언맨〉의 히어로로 캐스팅되었고, 지금의 로버트 다우니 주니어가 될 수 있었다.

한 남자의 인생을 통째로 구한 수잔과 그런 아내에게 지극정성 사랑을 표현하는 로버트 다우니 주니어는 헐리우드에서 손꼽히는 셀럽 커플이다.

✻ 30강

처음 먹었던 마음을 지킨다는 것

좋은 결혼이 극히 적은 것은 그것이 얼마나 귀중하고 위대한 것인가를 증명하고 있다.
– 몽테뉴

"우리는 76년째 연인입니다." – 영화 〈님아, 그 강을 건너지 마오〉

강계열 할머니와 故 조병만 할아버지는 100세가 다 되어가는 나이에도 사랑을 했다. 커플룩을 입고, 손을 꼭 잡고 걷고, 눈 장난을 하신다. 마치 처음 만났던 젊은 시절처럼.

당신은 배우자를 사랑하기 시작했던 그 순간, 그 초심을 죽을 때까지 지킬 수 있겠는가?

준하 이야기

처음 먹었던 마음을 지킨다는 것. 그것만큼 어려운 것이 있을까?

연애 초기, 내 모든 것을 다 바쳐 그 사람을 사랑할 것 같아도 눈에 콩깍지가 조금씩 사라지면서 다투게 된다. 연애 시절에는 하늘의 별이라도 따올 기세였던 남자가 결혼 후에는 별 볼일 없는 남편이 될 수도 있다.

우리 부부의 연애도 뜨거웠다. 아내의 집은 신촌에 있었고, 내가 살던 집은 삼성동이었다. 지하철로만 스물두 정거장 거리였다. 데이트 후엔 항상 내가 그녀 집까지 바래다주었는데, 헤어지기 아쉬워서 그녀가 다시 나를 데려다주고…. 우린 그렇게 한강을 서너 번씩 건너기도 했었다.

신혼 초 티격태격한 어느 날 밤이었다. 서재에서 문득 아내의 중학교 졸업 앨범을 발견했다. 앨범 속의 소녀 얼굴에는 해맑은 행복이 있었다.

청자켓을 입고 머리를 짧게 올려 친 선머슴 같은 아내의 모습에 웃음이 나왔다. 당시 어머니가 변변찮은 살림에 외아들에게만 청자켓을 사주신 반면, 맏딸인 아내에게는 옷을 사주시지 못했다고 했다. 그런데 졸업앨범 촬영 날, 마땅히 입을 옷이 없어 마르지도 않은 청자켓을 몰래 입고 학교에 갔었다고 한다. 순간 내 눈에는 눈물이 핑 돌았다.

'아, 30여 년 전에 꽃다운 여중생 아내는 미래에 어떤 남편을 만날 거라고 상상했을까? 아마 멋지고 능력 있는 백마 탄 왕자님과의 결혼을 기대했겠지! 그런데 지금은 어때? 왕자는 개뿔! 왕짜증을 만나서 고생하잖아. 이 바보 같은 남편아!'

지질하고 변변치 못한 내가 한심했다. 괜한 자격지심으로 화를 낸 못난 내 자신이 미안하고 부끄러워 울었다. 난 아내의 중3 졸업 앨범 사진을 찍어 휴대폰에 소중히 저장했다. 그날 난 평생 아내에 대한 사랑의 초심을 잃지 말자고 다짐했다.

다음 날 아침, 아내에게 전날의 일에 대해 말했다.

"자기야, 어제는 내가 화내고 짜증내서 미안해. 앞으로 더 잘할게."
"알았어. 있을 때 잘해. 후회하지 말고. 하하하."

몇 년이 지난 지금도 나는 아내의 순박하고 촌스러운 여중생 시절 사진을 잘 간직하고 있다.

영미 이야기

신혼 초, 사소한 말다툼 후에 애매모호한 화해를 했던 적이 있다. 저녁 식사를 마친 그는 밖에서 시원하게 맥주 한잔 하자고 했다. 별생각 없이 그러자고 하며 집을 나섰다. 집 근처 작은 호프집에서 맥주를 연거푸 두 잔 정도를 마시더니 남편이 웃음기 없는 얼굴로 말했다.

"영미야, 지금이라도 나와의 결혼이 후회되면 가도 돼."

"뭔 귀신 씨나락 까먹는 소리야. 맥주가 이상한가?"

"아니, 그냥…. 나랑 결혼한 걸 후회하고 있을까 봐."

"그러니까 왜 그러는지 얘길 해봐. 내가 자기한테 잘못한 거 있어?"

"아니, 후회되면 떠나도 된다고…."

난 자리를 박차고 일어났다.

"그래, 그럼 이혼해."

"아… 아니! 그… 그게 아니고!"

그가 다급한 목소리로 날 잡았지만 그 길로 집에 돌아왔다. 뜬금없이 이혼이라는 단어를 꺼내는 남편에게 화가 났다. 이번에 그냥 넘어가면 다음에 부부 싸움을 했을 때 이혼이라는 단어를 또 꺼낼 것이다. 이참에 못된 언행을 제대로 고치기로 마음을 먹었다. 날이 밝기가 무섭게 난 그에게 소리쳤다.

"이봐요! 배준하 씨! 이혼 서류에 도장 찍을 테니 지금 당장 가지고 오세요!"

남편은 그 자리에서 꿀 먹은 벙어리처럼 서 있기만 했다. 한참을 서 있던 그가 입을 열었다.

"미안해. 잘못했어."
"도대체 어제 왜 그런 거예요? 이유나 알고 이혼합시다."

내 말에 한참 뜸들이던 그가 입을 열었다.

"실은… 요즘 비수기라 행사 없이 가만히 있으니까 자기가 나와 결혼한 걸 후회하고 있을까 봐 그렇게 말한 거지."
"바보 아냐? 이제 우린 가족인데 일 없고 돈 못 벌어온다고 이혼하면 누가 결혼을 하냐?"

우리는 그렇게 화해했다. 남편은 그날 이후 결혼 15년 동안 '이혼'의 '이' 자도 절대 꺼내지 않았다.

어쩌면 결혼 전 남편은 수입에 대해 크게 고민이 없었을지도 모른다. 혼자 생활할 거라면 수입이 많든 적든 그에 맞추면 되니까. 하지만 결혼을 한 후에는 가장으로서 초조하고 불안했을 것이다. 미안하고 안쓰러웠다.

연애 시절엔 결혼하면 어떤 일이 있어도 헤어지지 않을 거라는 다짐을 한다. 그러나 사람의 마음이라는 게 언제나 같을 수는 없다. 결혼이 현실이 되면 모든 순간이 갈등이고, 상처가 될 수 있다. 그럴 때마다 서로의 시작을 생각해보자. 생각하기 힘들다면 결혼식 앨범이나 영상이라도 찾아서 보자. 그때를 떠올린다면 어떤 어렵고 힘든 상황이 닥쳐도 서로에게 상처 주는 행동은 하지 않을 것이다.

부부 이야기 ·······························

처음 그(그녀)의 사랑을 얻기 위해 얼마나 많은 노력을 했나요? 간절함으로 사랑을 얻었고 결혼까지 성공했잖아요. 그러나 결혼 후 서서히 변해가며 슬픔이 생깁니다. 그렇지 않기 위해서는 '열심'이 필요합니다. 열심히 배우자를 생각하고, 배우자에게 노력하고, 배우자를 배려하는 거예요.

초심(初心)을 잃지 말고, 열심(熱心)히 사랑의 노력을 하면 가정의 중심(中心)이 됩니다.

이번 주말에 부부가 다정하게 손잡고 추억의 데이트 장소로 한번 가보는 건 어떨까요?

✻ 남편이 준 최고의 생일 선물?

"52년을 함께 산 우리는 상당히 가까운 사이다. 우리의 유대감은 나이가 들어가면서 더욱 튼실해졌고 서로의 필요성을 절실히 느끼게 되었다. 단 하루만 떨어져 있어도 마치 신혼 때 일주일이나 그 이상 바다에 나가 있었을 때처럼 왠지 외롭고 공허한 느낌이 든다."

– 지미 카터, 『나이 드는 것의 미덕』

미국 29대 대통령 지미 카터는 영부인 로잘린 카터와 첫 데이트를 했을 때 그녀와 결혼할 것을 알았다고 한다. 이 부부는 지미 카터가 대통령직에서 물러난 후에도 계속 함께 일하고 있다.

그러나 두 사람은 의외로 성격이 잘 맞는 편은 아니었다. 지미 카터는 시간을 철저하게 지키는 타입이었고, 로잘린 여사는 성격이 느긋한 편이었다. 지미는 늘 로잘린에게 잔소리를 했다. 로잘린 여사의 어느 생일날, 지미는 편지를 썼다.

"앞으로는 시간에 대해 조금 더 자유롭게 생각하면서 서로 더욱 사랑하도록 합시다."

로잘린 여사는 이 편지를 보고 기뻐하며 최고의 생일 선물이라고 했다는 후문이다. 둘은 이제 나이가 들어 건강이 좋지 않지만, 그럼에도 서로 사랑하고 또 걱정하면서 살아가고 있다.

남편의 얼굴이 아내의 얼굴,
아내의 얼굴이 남편의 얼굴이다.

제 6 주 제

품격을 지켜서 행복한 부부

"항상 서로 존중하고 인정해주세요."

동반자를 매도(罵倒)하는 동물은
인간뿐이다.

- 아리오스토

✻ 31강

이상한 형을 이상형으로 만들라

성공적인 결혼을 하는 데는 여러 번에 걸쳐서
항상 같은 사람과 사랑에 빠지는 것이 필요하다.
– 미뇽 맥로린

"우리 민수 씨를 처음 봤을 때는 상상을 초월했어요. 뭐, 이런 인간이 이 세상에 있나 하고 생각했어요. 그러나 지금은 너무나 감사하게도 이상형의 이상, 그 이상이에요."

tvN 〈둥지 탈출〉에서 결혼 26년차 강주은은 '남편 최민수 씨가 이상형이었나?'라는 질문에 위와 같이 대답하며 부부 간의 애정과 신뢰를 솔직하게 드러냈다.

이상형을 꿈꾸었던 이상한 형들이, 배려하고 이해해줌으로써 서로를 이상형으로 만들어간다.

준하 이야기

1. 세련된 서울 아가씨(내가 시골 출신이라 도시 사람을 만나고 싶었다.)

2. 무남독녀(형제가 많아서 처가는 형제가 없었으면 좋겠다고 생각했다.)

3. 마음이 따뜻하고 밝은 성격을 가진 여자

4. 용기를 주는 여자

5. 외모는 그다지 중요하지 않음

총각 시절 내가 생각하는 이상형 배우자의 다섯 가지 조건이다. 아내를 처음 만났을 때 그녀는 이상형이 아니라, 정확히 표현하자면 '이상한 형'에 가까웠다.

2004년, M대학교 교수인 선배가 초대한 학과 종파티 자리에서 지금의 아내를 만났다. 까칠하고 차가워 보이는 모습에 2차로 자리를 옮기고서야 말을 꺼냈다.(나는 외강내유형의 트리플A형 극소심인지라 용기를 오장육부에서부터 입까지 끌어올려야 했다.)

"저…. 이거 제 번혼데. 문자 하나만 보내주실 수 있나요?"

물음에 그녀는 답도 없이 번호를 적어가곤 바로 문자 메시지를 보냈다.

'문자'

뭐, 이런 지지배가 있어! 대놓고 날 무시하네, 와! 젠장! 헐! 대박! 더 이상 말을 붙여볼 마음이 싹 사라졌고, 에라 모르겠다 공짜 술만 퍼 마셨다.

첫인상은 좋지 않았지만 몇 번 만나면서 잘 웃는 그녀의 모습을 발견하고, 서로 호감을 키워가게 되었다. 그러던 어느 날 케이블 방송 리포터로 섭외가 들어와서 방송 촬영을 했다. 그러나 PD의 사인이 떨어지자 입이 얼어붙어 NG를 연발했다. 계속되는 NG로 스태프들이 지쳐갔고, 삽시간에 담당 PD의 얼굴은 붉으락푸르락 단풍잎이 되었다.

"배준하 씨, 제 10년 방송 짬밥에 이런 리포터 처음 봤어요. 아, 15분짜리 방송 프로그램인데 8시간이나 촬영했어요. 3일치 분량의 녹화 테이프 다 사용했어요. 방송을 이렇게 말아먹는데 도대체 행사는 어떻게 해서 먹고 살아요? 네?"

면전에다 대고 빈정거리는 PD의 말에 꿔다 놓은 보릿자루처럼 유구무언이었다. 오히려 반박할 거리가 없다는 내 자신이 한심해서 울화가 더 치밀 지경이었다. 그날, 그녀에게 하루의 촬영 이야기를 봇물 터트리듯 마구 쏟아냈다.

"시베리아허스키, 십센티, 신발끈, 조카 크레파스18색, 수박씨 발라먹어…. 내가 살다 살다 이런 수모는 처음이야. 나 이제 더러워서 방송 안 해!"

울화통의 내 푸념을 다 듣고 난 후 그녀가 차분하게 말문을 열었다.

"자기야, 삼세번이라잖아. 지금부터 잘 준비해서 딱 세 번만 열정적이고 에너지 넘치는 자기의 본 모습을 보여줘 봐."

'세 번만 하고 때려치우자! 딱 세 번만이라도 혼신의 힘을 다해보자!'

그녀의 말에 천군만마의 용기를 얻은 난 잘 준비해서 다음 촬영에 임했다. 녹화는 대성공이었다. 이후 나는 마치 블랙홀에 빠지듯 그녀에게 빠져버렸다.

'아! 이 여자는 정말 나에게 힘과 용기, 에너지를 심어주는 진짜 내 인연이구나. 이런 여자랑 같이 살면 힘을 얻을 수 있어!'

영미 이야기

내 배우자의 조건은 이랬다.

1. 치아가 고른 사람
2. 키 크고 다리가 긴 사람
3. 매일매일 다른 색상의 셔츠를 입을 수 있는 직업을 가진 사람
4. 부모님이 계신 사람
5. 직장이 있는 사람

그러나 난 이 다섯 가지를 모두 갖춘 남자와 결혼하지 못했다. 지금 남편은 결혼 당시 덧니가 있었고, 작은 키에 다리 길이는 보통이었고, 직장인보다는 프리랜서였다. 처음 본 그의 모습이 아직도 눈에 선하다. 통통한 얼굴에 작은 키, 곱슬거리는 파마머리, 나대는 성격. 뭐 하나 내가 원하는 모습의 남자가 아니었다.

그러나 그가 전해주는 가족 이야기, 일 이야기를 듣다 보니 처음 봤을 때의 이미지와는 많이 달라 보였다. 이상형 조건에 모두 맞는 건 아니었지만 직업 특성상 매일 다른 색상의 셔츠뿐 아니라 어떤 의상도 입을 수 있었고, 전문 MC라는 직업을 가지고 있었고, 부모님은 천사처럼 선하신

분들처럼 느껴졌다.

노래방을 나오는 데 계산할 때 보니 남편의 지갑에는 신용카드 한 장 보이지 않았다. 모두 현금 계산이었다.

"어? 지갑에 신용카드가 없으시네요."

"아! 네. 신용카드가 있으면 술 마실 때마다 제가 계산을 하게 될까 봐 그날 필요한 만큼의 현금만 가지고 다닙니다."

스스로를 관리할 줄 아는 답변 한마디에 난 확신을 가졌다.

'저런 사람이라면 내 평생을 맡겨도 되겠구나.'

서로의 단점보다는 장점을 보고, 이상형이라는 완성품보다는 이상형으로 만들어가는 과정을 택한 우리 부부는 아직도 즐겁고 행복하다.

부부 이야기

이 세상에 서로가 조건에 딱 맞는 이상형인 부부가 과연 얼마나 될까요? 아마도 많지 않을 겁니다. 처음엔 그 사람이 내가 꿈꿔온 이상형에서 모자란 부분이 있을 겁니다. 그러나 살다 보면 좋은 면들을 만날 수 있습니다.

진짜 이상형은 완성된 만남으로 찾아오는 게 아니라 만들어가는 것입니다.

✻ 차도녀를 빵 터지게 한 준하의 필살기

첫 만남으로부터 일주일이 지났나? 문자가 하나 왔다.

'이렇게 더운 날에 하늘에서 눈이라도 왔으면 좋겠네요.'

'누구세요?'

'지난 번 M대학교에서 뵀던 최영미입니다.'

바로 전화를 했다. 목소리 톤이 절로 높아졌다.

"영미 씨! 어쩐 일로 연락을 주셨습니까?"

"그냥 뭐 날도 덥고 해서 시원하시라고 문자 드린 거예요."

"약속 없으시면 강남 쪽으로 오실래요? 시원한 생맥주 한잔 하시죠."

그렇게 우리는 만나기로 했다. 사실 그녀와 내 친구까지 셋이서 만나 노래방에 갔다. 그런데 아무리 재미난 유머를 해도 아내는 웃지 않았다. 내 자존심이 화산의 마그마처럼 부글부글 끓어오르기 시작했다.

'어쭈구리. 그래, 내가 재미가 없다는 거지. 안 웃고 어디까지 버티나 어디 한번 보자고!'

이대로는 무너지지 않는다. 나만의 필살기를 보여주리라.

〈처녀 뱃사공〉의 노래 반주가 나오자 무게를 잡고 노래를 불렀다.

"낙동강 강바람에 치마폭을 스치면~."

갑자기 허리띠를 풀어서 뺀 다음, 허리띠의 제일 밑 부분을 왼발로 밟고 양손은 허리띠의 윗부분을 잡아서 노 젓는 시늉을 했다.

"에헤야. 에헤야. 노를 저어라. 삿대를 저어라."

순간 그녀의 웃음이 빵 터졌다. 드디어 이제야 터지다니. 얼음장 같은 차도녀의 웃음보를 터트리니 철옹성을 함락한 개선장군처럼 의기양양해졌다. 그리고 크게 웃는 그녀에게서 인간미와 정을 느꼈다.

✻ 32강

서로의 품격을 올려라

사랑하는 사람과 행복하게 살기 위해서는 한 가지 비책을 알아야 한다.
상대를 자신에게 맞추려 하지 말고, 자신을 상대에게 맞추려 해야 한다.
– 발자크

KBS CoolFM 〈박명수의 라디오쇼〉에서 한 청취자의 사연이 출연진들을 분노하게 했다. 밥 먹을 때 눈만 마주치면 남편이 이렇게 말한다는 것이다.

"진짜 못생겼다. 나 아니면 네가 어떻게 결혼을 했겠냐?"

이 사연에 대해 게스트 제아와 박재정은 물론, 진행자까지 한마디씩 보탰다. 박명수는 "아무리 부부관계라도 지켜야 할 예의가 있는데 이건 아닌 것 같다."라며 분노했다.

부부 사이에도 지켜야 할 예의가 있다. 선이라는 것이 있다. 상대를 낮춰 봐서는 안 된다. 남들이 있을 때에도, 상대방이 없을 때에도, 둘만 있을 때에도 칭찬하고 존중하는 것이 서로의 품격을 올려주는 방법이다.

아내 품격을 세워주는 남편, 남편 품격을 세워주는 아내. 이렇게 부부는 고품격 명품 부부가 되어야 한다.

준하 이야기

선배 O는 카리스마로 전신무장한 남자이다. 나이, 성별, 직업, 직책 따위는 그의 앞에선 무용지물이다. 어느 누구를 막론하고 잘못된 부분이 있으면 때와 장소를 가리지 않는다. 가차 없는 그의 돌직구가 여지없이 날아간다.

강해도 너무 강했다. 누구라도 O 옆에 가길 꺼린다. 아무리 잘해도 예리하게 잡아내니 항상 살얼음판이다. 그러나 그런 거물급 카리스마도 함부로 대하지 못하는 사람이 있다. 바로 내 아내이다.

"아이고, 최 대표님. 오셨어요? 뭐 드시고 싶은 거 말씀하세요! 다 사다 드릴게요. 뭐 좋아하세요?"

처음엔 후배 아내이니까 의례적으로 예의 차리며 대한 것이라고 생각했다. 그런데, 날이 갈수록 점점 더 잘 대해주었다. 나뿐만 아니라 주위사람들을 홀대하는 것과는 비교조차 할 수 없었다. 어느 날 O선배와 같이 있을 기회가 있어서 물어봤다.

"선배님, 혹시 제 아내한테 잘 대해주시는 이유를 여쭤봐도 될까요?"

"최 대표? 최 대표는 성격이 밝잖아. 잘 웃고, 에너지가 넘치잖아. 비타민 같아서 좋아."

나중에서야 내 영향이 컸다는 걸 알았다. 내가 누구에게도 아내의 흉을 보지 않고, 어디에서나 함부로 대하지 않고, 아내의 칭찬을 하며 아내의 품위를 지켜줬다. 그러니 남들도 그렇게 된 것이다.

영미 이야기

아내의 얼굴을 보면 남편의 모습이 보인다. 아내의 얼굴이 환하고 빛이 나면 그 뒤엔 자상한 남편이 있고, 아내의 얼굴이 어둡고 푸석푸석하면 아내를 무시하는 남편이 있다. 가끔 부부 동반 모임을 가면 남편이 아내를 함부로 대하는 경우를 많이 본다.

'야! 저쪽으로 가서 앉아. 내 옆에 있지 말고.'
'야! 작작 좀 먹어라!'
'우리 마누라는 할 줄 아는 게 하나도 없다.'

더 심하게 표현을 하는 경우도 많다. 그렇게 하면 남편인 본인의 모습이 좀 더 높아 보이고, 멋져 보인다는 착각에 빠지는 것 같다. 상대를 낮춤으로 본인이 높아진다고? 남편의 모습도 아내에게 달려 있지만, 아내의 모습 또한 남편에게 책임이 있다. 부부는 서로 존중하고 사랑해주는 사이지, 무시하고 권위를 내세우는 관계가 아니라는 뜻이다.

"자기야, 오늘은 날씨도 좋은데 명동에 바람 쐬러 갈래?"

한 달에 한 번 정도 내가 남편에게 제안한다. 남편은 나의 제안이나 요청에 모두 "예스!"라고 답한다. 남편의 대답에 나의 자신감은 치솟기 시작한다. 언제나 당당함이 표정으로 나타난다. 남편은 나의 요구사항이나 부탁을 거절한 적이 없다.

부부 동반 모임이 많아도 배우자에 대한 예의만 지켜준다면 그 누구라도 내 배우자를 우습게 보진 않을 것이다. 내게 소중한 사람이라면 언제 어디서나 소중하게 대하길 바란다. 남편의 얼굴이 아내의 얼굴, 아내의 얼굴이 남편의 얼굴이다.

부부 이야기

부부는 서로 존중해야 합니다. 그래야 부부의 품격이 높아집니다. 배우자를 비난하거나 무시하는 언행은 서로의 자존심이라는 큰 화약고에 갈등이란 불화살을 쏘는 것과 같습니다. 작은 비난과 무시의 언행이 배우자의 마음을 아프게 하고 다치게 합니다. 배우자의 품격을 높이는 비장의 무기는 바로 칭찬입니다.

배우자가 없는 곳에서 배우자의 험담을 하기보다는 칭찬을 많이 해주세요. 이것이 부부의 품격을 높이는 방법입니다. 부부가 서로에게 품위와 품격을 지켜주는 고품격 명품 부부가 되어보세요.

✻ 33강

고슴도치처럼 적정 거리를 유지하라

결혼은 혼자 있었으면 있지도 않았을 문제를 둘이서 해결하려는 시도다.
– 에디 캔터

어느 고슴도치 형제가 있었다. 두 마리의 고슴도치는 추위에 견디지 못해 서로의 몸을 기대어 온기를 나누려 가까이 붙었다. 그러나 서로의 가시 때문에 몸이 찔려 상처가 나게 되었다. 다시 거리를 두어 많이 떨어져 있으니 이제는 한기를 느끼게 되었다. 결국 고슴도치 형제는 적당한 사이의 거리를 두어 서로의 온기를 느끼게 되었다.

철학자 쇼펜하우어의 '고슴도치 딜레마' 이야기이다. 인간도 마찬가지이다. 너무 가까이 하면 가시에 찔려 상처를 입고 또 서로를 너무 멀리하면 한기를 느끼기 마련이다. 그래서 서로의 적절한 거리를 두기 위해 '예의' 라는 장치가 있다. 부부도 이 적정선의 거리, 예의가 꼭 필요하다.

준하 이야기

우리 부부는 하루 24시간을 거의 함께 있다. 주변 사람들은 걱정 섞인 말을 하지만 문제없다. 왜냐하면 둘만의 적당한 거리가 있기 때문이다.

부부는 한 가족이고 한 팀이다. 모든 것을 함께 한다는 것은 모든 것을 알아야 한다는 것이 아니다. 누구나 숨기고 싶은 치부는 다 있기 마련이다. 그런 것까지 애써 알 필요는 없다. 다 알아본들 스트레스를 더 받게 되고 걱정거리를 더 만든다.

난 아내의 핸드폰 잠금 해지 패턴을 알지만 단 한 번도 아내의 핸드폰을 열어보지 않았다. 아내는 내 핸드폰의 잠금 패턴을 알고 있다. 가끔 기계치인 나를 위해 필요 없는 앱을 삭제해주고, 필요한 앱을 설치해주곤 한다. 그러나 매일 내 핸드폰를 뒤지지는 않는다. 그 얼마나 피곤한 일인가? 핸드폰을 확인하고, 알아보고, 물어보고, 해명하고, 해명을 듣고…. 그 과정이 본인도 힘들지만 해명해야 하는 배우자는 더 힘들어 지쳐버린다.

우리 부부는 고슴도치처럼 적정선의 거리를 유지하고 있다. 우리 부부는 서로의 행동반경 내에서 존중한다. 함께 있지만 혼자 있고 싶을 때도 있고, 혼자이지만 기대고 싶을 때가 있다. 남편의 선과 아내의 선은 나란히 달리는 철길과 같다. 기차의 철길은 나란해야 한다. 만약에 한 선으로 겹쳐지게 되면 열차는 탈선하여 전복된다.

부부가 모두 다 안다고 해서 좋은 건 결코 아니다. 또한 너무 멀리 있어서 다 모른다고 좋은 건 더더욱 아니다. 너무 가까이도, 너무 멀리도 아닌 적정선을 유지하는 것이 예의와 존중이 있는 최상의 부부 모습이다.

영미 이야기

모임이 잦은 남편은 술자리도 많고, 귀가시간이 늦을 때가 많다.

"영미야, 영미야!"

귀가할 땐 내 이름을 크게 외치며 들어오는데 그렇지 않고 들어오는 날이 있다. 그럴 땐 들어오면서부터 혼자 중얼거리며 화를 낸다. 누군가에게 화가 난 것인지 속상한 말들을 조용히 쏟아낸다.(왜 그런지 모르겠다.)

다음 날 아침, 남편에게 직접 물어본다.

"자기야, 어제 들어오면서 화내더라. 무슨 일 있었어?"

"아니. 아무 일 없었는데."

"그래? 근데 자기가 왜 화를 냈을까? 욕도 하고, 짜증도 내고, 자기 전까지 그러던데."

"몰라. 난 아무 일 없었는데 왜 그랬을까."

"아무 일 없었음 다행이고."

남편에게 정말 아무 일이 없었던 것인지, 그렇지 않으면 나를 위한 나름의 배려인지 알 수는 없으나 남편의 말을 믿고 그냥 넘어간다. 남편에게도 내게 알리고 싶지 않은 일이 있을 것이기 때문이다.

부부 이야기

도로의 차선을 보세요. 차선을 옮길 때는 사전에 미리 신호를 줘야 합니다. 그리고 천천히 차선을 바꿉니다.

부부 간의 예의도 마찬가지입니다. 선을 지켜야 합니다. 남편이 아내의 머리 위로, 아내가 남편의 머리 위로 선을 급변경하면 안 됩니다. 평행선을 유지하세요.

✽ 삶의 중대한 순간, 기로에 서는 순간마다

영화 ‘엑스맨’ 시리즈의 울버린, 휴 잭맨은 22번째 결혼기념일을 맞아 SNS에 아내에게 감사와 사랑을 전했다.

“나는 가장 소중한 사람들을 인식하고, 또 그 사람들로부터 인식되는 게 삶에서 가장 필요한 것이라고 믿어. 데보라, 결혼 첫날부터 우리는 그런 사이였어. 22년이 지난 지금, 그런 느낌은 오히려 더 강해졌지. 당신과 아이들은 내 삶에 있어서 가장 큰 선물이야. 세상을 수억 번 돌아도 모자랄 정도로 당신을 사랑해.”

휴 잭맨과 아내 데보라는 결혼 초의 ‘비밀 약정’을 지금까지 지키고 있다고 〈후 매거진〉과의 인터뷰에서 밝혔다. 그들은 삶의 중대한 순간, 기로에 설 때마다 어떤 결정이 가족을 위한 것인지 함께 상의하기로 했다고 한다.

부부로서 함께하기로 한 이상, 각자 인생에서 중요한 선택은 상대에게도 영향을 미치기 마련이다. 그때마다 서로 진심어린 조언을 주고받으며 함께해야 진정한 부부이다.

✲ 34강

당신이 먼저 좋은 에너지를 줘라

결혼하고 싶다면 이렇게 자문하라. 나는 늙어서도 이 사람과 대화를 즐길 수 있는가? 결혼 생활의 다른 모든 것들은 순간적이지만, 함께 있는 시간의 대부분은 대화를 하게 된다.
– 니체

한 운동선수가 있다. 월급은 100만 원이지만 식구는 넷이나 된다. 아내는 그를 위해 지극정성으로 마사지해주고 거의 홀로 아이를 돌봤다. 둘째 아이를 낳을 때 그는 원정 경기 중이었다.

어느 날, 아내의 건강에 적신호가 켜졌다. 한쪽 눈 시력을 잃을 수 있다고 했다. 남편은 더 이상 지켜볼 수 없었다. 꿈을 포기하려는 남편에게 아내는 이렇게 말했다.

"나랑 애들은 신경쓰지 말고, 여기서 당신이 할 거 해. 당신이 처음 가졌던 꿈을 이뤄. 여기 미국 땅에 당신 꿈을 이루려고 온 거잖아? 당신은 절대 꿈을 포기하지 마."

아내는 남편의 꿈을 지지했다. 할 수 있다고, 포기하지 말라고 말해주었다. 그는 이를 악물고 최선을 다했다. 그의 이름은 바로 추신수다.

준하 이야기

옛말에 사람은 서울로 보내고 말은 제주도로 보내라고 했다. 주위 환경에 따라 사람의 운명이 달라지기 때문이다.

내 성격은 트리플 A의 극소심주의자다. 아내는 내게 없는 대범함을 가지고 있다. 항상 에너지 넘치게 웃는 밝은 얼굴이다. 활력 넘치는 아내를 보면 왠지 기분이 좋아지고, 엔도르핀이 넘친다.

우리 사무실 건물에 경비 선생님 중에 유독 웃지 않으시는 무뚝뚝한 분이 계셨다. 출퇴근 할 때마다 인사를 드려도 그분은 본체만체하시며 고개만 끄떡이셨다.

하루는 사무실에 출근하자마자 책상에 앉아 아내에게 말했다.

"아까 그 경비 선생님 말이야. 뵐 때마다 인사드려도 답례도 없으셔서 무안하고 속상해."

"자기야, 그분이 무뚝뚝하게 대하셔도 우리는 밝게 인사하자."

"우리가 지극정성 인사드려도, 하늘이 두 쪽이 나더라도 안 변하실 거야."

“내가 명색이 에너지 강사잖아. 그래도 우리는 꿋꿋하고, 밝게! 힘차게! 에너지 넘치게! 오케이?”

그 이후 우리는 더 크고 밝은 목소리로 인사드렸고, 이따금 음료수도 챙겨 드렸다. 그렇게 3개월이 지난 어느 날. 그날도 그 무뚝뚝한 경비 선생님께 인사를 드렸다.

“선생님, 일찍 나오셨네요. 좋은 아침입니다. 좋은 하루 되세요.”

“아, 네. 감사합니다. 좋은 아침입니다. 사장님.”

대박! 뜻밖에도 그 경비 선생님께서 우리에게 밝은 미소를 지으며 다정하게 화답해주신 것이다. 감동의 물결이 막 파도를 치면서 내 가슴에 전해져왔다. 정말 3개월 동안 닫혀 있던 마음의 문을 열고 화답해주시다니, 무척 고마웠다.

아내는 비단 경비 선생님 한 사람의 변화만 만들어낸 것이 아니다. 나에겐 하루를 더 활력 넘치게 출발을 할 수 있는 긍정적인 마음을 심어줬다. 아내는 밝고, 긍정적이고, 에너지 넘치는 좋은 에너지를 가지고 있다.

영미 이야기

최영미라는 이름 앞에는 '에너지 강사'라는 수식어가 있다. 아마도 항상 웃는 모습으로 사람들을 대하다 보니 이런 말을 붙여주신 것 같다.

오래전 취미로 십자수를 한 적이 있었다. 처음 십자수 가게에 들어갔을 때 "안녕하세요." 하고 웃으며 인사를 했다. 사장님 부부는 그런 나를 보면서 이상하게 생각했다고 한다. 가게 오픈 후 나처럼 먼저 인사를 하며 들어오는 손님은 없었는데 밝은 미소까지 보여주며 인사를 하니 '이상한 사람이다.'라고 생각했다는 것이다. 그 뒤, 십자수 재료들을 사기 위해 자주 가게에 들렀고, 그럴 때마다 웃으며 인사하는 내 모습이 차츰 친근해지기 시작했다고 하셨다.

그분들과는 16년째 좋은 인연으로 지내고 있다. 가끔 부부 동반으로 저녁 식사하며 서로의 안부를 묻기도 한다. 남편은 그런 내게 한결같이 칭찬한다.

"우리 영미가 잘 웃고 에너지 넘치니까 사람들이 다 좋아하네. 그 덕분에 나도 덩달아 인기가 올라가는 것 같아. 고마워!"

웃어야 복도 들어오고, 행복도 즐거운 사람에게 찾아오지 찡그린 얼굴을 하고 있는 사람에게는 오지 않는다고 한다. 행복하기 위해 웃고, 웃고 있어서 행복하기도 하다. 이런 말들을 실행하기 위해 난 강의 때마다 '미인대칭'이라는 말을 꼭 전달한다.

'미소로 인사하고 대화하며 칭찬하자!'

만약에 지금 상대방을 '메기'라고 여기고 있다면 본인의 어장은 고작 '강'밖에 되지 않습니다. 그러나 상대를 '고래'라고 생각한다면 본인의 어장은 큰 '바다'가 됩니다.

배우자를 어떻게 생각하고 여기는지에 따라서 본인의 마음 크기가 달라집니다. 부부는 정말 좋은 에너지를 공감하는 좋은 배우자를 만나야 됩니다. 부부는 서로의 좋은 환경을 만들어줄 수 있는 파트너가 되기 위해 노력해야 합니다.

✻ 14시간의 비행이 힘들지 않았던 이유

안상훈 · 서민정 부부는 무려 뉴욕과 한국을 오가며 연애를 했다. 안상훈은 '뉴욕에서 제일 오래된 치과'에서 동양인 최초로 원장이 된 인물이다. 그는 연애 시절에도 뉴욕에 머물렀지만, 서민정을 보기 위해 한 달에 한두 번은 꼭 한국에 갔다.

"가는 14시간은 민정 씨를 볼 생각에 설레서 즐거웠습니다. 돌아오는 14시간은 정말 힘들었습니다."

금요일에 출발해 토요일, 일요일 동안 데이트를 하고 월요일 아침 비행기를 타고 뉴욕으로 가 바로 출근하는 일정이었다. 두 사람은 현재 뉴욕에서 살고 있으며, TV조선 〈아내의 맛〉에서 손을 꼭 잡고 주말 데이트를 즐기고 딸과 함께 시간을 보내는 등 좌충우돌 달달한 일상을 선보이며 부러움을 샀다.

이런 게 부부고, 행복이고, 사랑이지 않을까?

✲ 35강

부부간의 '다행일기'를 써라

결혼, 그것은 한 권의 책이다.
제 1장은 시로 쓰여지지만 나머지 장은 산문이다.
– 올더스 헉슬리

1. 나는 ~ 라서 다행이다.

2. 나는 ○○이 아니라서 다행이다.

3. 나는 비록 ~ 지만 ○○가 아니라서 다행이다.

부부 심리상담가 최성애 박사는 사고를 긍정적으로 바꿀 수 있는 좋은 방법이 '다행일기'를 쓰는 것이라고 했다. 최 박사는 미시간 공대에서 뇌과학을 가르칠 때 학생들과 긍정적 사고 습관을 들이기 위해 1학기 동안 연습했다. 놀랍게도 긍정적 언행을 단 2주 동안만 매일 실행해도 좌뇌 전두엽의 피질이 증가하고 스트레스가 낮아지고 행복감이 증가했다.

부부도 부부의 다행일기를 쓴다면 행복감과 사랑이 더 늘어날 것이다.

준하 이야기

1. 우리 부부는 건강해서 다행이다.
2. 우리 부부는 하나가 멀리 떠나지 않아서 다행이다.
3. 우리 부부는 지금 돈과 명예는 없지만 희망이 있어서 다행이다.

2018년 10월, 늦가을이 지나 차가운 바람으로 옷깃을 올려야 할 저녁 무렵이었다. 아내는 지인들과 함께 인천에 간다고 했고, 난 모임이 있어서 장소로 이동 중이었다. 저녁도 안 먹고 헐레벌떡 사무실을 나간 아내가 마음에 걸려 전화를 걸었다.

"자기야, 잘 가고 있어?"
"응, C대표님 차로 같이 가려고 해. 가면서 푹 좀 쉬려고."
"도착하면 연락 줘. 배고플 텐데 어서 도착해서 식사해."
"알았어. 고마워. 자기도 조심히 다녀와."

아내와 짧은 통화로 어느새 지하철역에 도착했다. 늦가을 날씨지만 초겨울의 날씨를 방불케 했다. 가로수의 잎은 거의 떨어지고 앙상하고 메마른 가지만이 처량하게 흔들리고 있었다. 지하철역을 나온 나는 모임의 총무에게 10여 분 후면 도착한다고 전화했다.

차가운 바람에 옷깃을 올리며 걷는데 갑자기 "쾅!" 하며 어느 가게 출입문이 닫혔다. 아, 뭔가 불길한 예감이 들기 시작했다. 아니나 다를까! 아내로부터 전화가 왔다.

"응, 자기야. 나야. 도착했어? 아직 멀었다더니 빠르네."

"자기야. 나… 사고 났어."

"뭐라고? 사고? 크게 났어? 안 다쳤어? 어떻게 난 거야?"

"응. 크게는 안 났는데. C대표님 차가 완전히 파손되었어. 난 괜찮아."

"어디 찢어지거나 깨지거나 부러진 데는 없어? 피는 안 나? 머리는? 팔은? 다리는?"

아내와 통화 후, 곧바로 택시 타고 H병원 응급실로 향했다. 놀란 가슴을 진정하며 응급실에 도착하여 주위를 두리번거렸다. 응급실 제일 끝 침대에 목 깁스를 한 채 아내가 누워 있었다. 다행히 아내는 단순 근육통만 있을 뿐이었다.

자그마치 무려 7중 충돌사고였다. 아내가 탄 차는 1차 충돌 피해 차량이었다. 다행히 안전벨트 덕분에 큰 부상을 모면했다. 너무 감사했다.

다음 날, 다른 병원에 입원 수속을 마치고 아내는 2주일간 입원했다. 입원 내내 병원으로 찾아가 하루 종일 아내와 함께 있다가 집으로 왔다.

다행이다. 정말 다행이다. 이렇게 아내와 함께 건강하게 있다는 그 자체만으로 다행이고 행복이다. 만약에 크게 다쳤다면 어떻게 되었을까? 아내가 평생 몸도 제대로 못 가누게 되었다면? 상상만 해도 아찔하고 끔찍스럽고 무섭다. 다리가 후들후들 심장이 두근두근거린다. 아내가 무사하고, 안전하고, 건강하게 내 옆에 있는 것만으로도 정말 천만다행이다.

영미 이야기

1. 내 옆에 남편이 있어서 정말 다행이다.
2. 부모님을 비롯한 나와 남편 모두가 건강해서 정말 다행이다.
3. 대형사고가 났음에도 불구하고 크게 다치지 않아 다행이다.

사고 이후, 내 가슴속에 새겨진 다행스러운 일들이다.

교통사고로 인해 병원에 입원을 하게 되어서 결혼 후 처음으로 남편과 2주 동안 떨어져 지냈다. 물론 저녁 시간에 들르긴 했지만 하루종일 붙어 다녔던 평소에 비하면 생이별이나 마찬가지였다.

병실의 옆 침대에 누워계셨던 아주머니는 트럭에 치여서 머리와 팔을 다쳐 깁스를 하고 계셨다. 아주머니의 남편은 경상도분이셨는데 두 사람의 대화를 우연히 듣다 적잖이 놀랐다. 재미나신 분들이었다. 한번은 아주머니가 속이 불편해서 밥 먹기가 힘들다고 남편에게 하소연을 하셨는데, 그 말을 들은 남편분의 답이 아직도 귀에 생생하다.

"그럼, 끊어라!"

밥을 끊으라는 말씀이셨다. 난 그 말을 듣고 바로 남편에게 전화를 걸어 옆 침대 부부의 얘기를 해줬고, 그 얘기를 들은 남편은 전화기가 떠나갈 정도로 크게 웃었다. 세상에, 밥을 끊으라니…. 남편도 내게 물었다.

"영미야. 병원 밥, 맛 없어?"
"아니. 맛있는데. 다행히 맛이 괜찮아."
"다행이네. 우리 영미는 밥 끊으면 안 돼. 알았지?"
"당연하지. 밥이 보약인데 절대 끊을 수 없지."

우린 다행히 밥이 맛있다고 생각했다.

살면서 힘든 일이 많이 일어난다. 그럴 때마다 속상해하고 일이 안 풀린다며 누군가의 탓을 한다면 그런 부부에게는 늘 속상한 일만 생길 것이다. 그래서 우린 항상 '다행이다'와 '잘했어'라는 말을 입에 달고 산다. 살면서 생기는 일들을 피해갈 수는 없다. 어떻게 하면 잘 극복하고 받아들이는지가 중요하다. 그러기 위해서는 어느 한 사람만 노력해서는 절대 될 수가 없다. 부부가 같이 함께 힘을 모아야 헤쳐나갈 수 있게 된다.

부부로 살면서 생각을 끄집어내거나, 기억해낼수록 정말 감사하고 다행스러운 일들이 많을 겁니다. 감사한 일과, 다행스러운 일들을 하나씩 하나씩 일기장에 써봄으로써 더 행복감과 사랑이 커질 듯해요. 말의 여운보다는 글의 여운이 오래가고 기억에 더 남는 것처럼, 부부의 다행일기는 부부의 삶 속에 더 오래오래 기억되고 추억으로 남을 겁니다.

살면서 다행스러운 일에 더 감사하고, 이 순간에 더 행복하다는 마음을 가지신다면 앞으로는 더 좋은 날이, 더 행복한 일이 더 많이 이어지리라 믿습니다. 대한민국의 부부 여러분, 더욱 감사한 마음으로 더 행복하게 사세요!

✻ 36강

부부가 있다면 아이는 선택일 뿐이다

행복을 즐겨야 할 시간은 지금이다. 행복을 즐겨야 할 장소는 여기다.
– 로버트 잉거솔

"세상에서 가장 존경하는 사람은 지금 내 곁에 있는 아내 진회련이다. 나는 다시 태어난다고 해도 영화를 할 것이고, 지금 내 곁의 이 여인을 만날 것이며, 이 여인을 사랑할 것이다. 또 다시 태어난다고 해도 모든 것은 마찬가지이다." – 주윤발

잉꼬부부로 소문난 주윤발과 진회련 부부에게는 자녀가 없다. 아내가 임신 7개월 만에 유산을 했다. 주윤발은 아이를 잃은 슬픔에서 쉽게 벗어나지 못하는 아내를 보고 아이를 갖지 않기로 결심했다.

이 부부뿐만 아니라 아이가 없어도 행복하게 사는 부부는 세상에 많다. 부부가 있다면, 그것만으로 충분하다.

준하 이야기

부부의 DNA를 물려받아, 부부를 쏙 빼닮은 아기를 키우면서, 아기의 성장 과정을 지켜보는 것이 부부의 행복이다. 그러나 우리 부부는 자녀가 없다. 우리에게는 그런 행복이 없어서 섭섭하고 서운할 때가 있지만, 더 서운한 건 주위 사람들이다.

"왜 애가 없어?"

"둘 중에 누가 문제야?"

"○○ 병원이 시술을 더 잘한다더라."

당사자인 우리 부부는 괜찮다는데 왜 본인들이 더 설왕설래하는지 모를 일이다.

신혼 초에 아내가 유산을 했다. 유산 이후 출산에 대한 생각 없이 일이 너무 바빴다. 정신없이 일하다 보니 나이가 어느덧 40대였다. 최근 2년 동안은 우리 부부도 아이를 갖기 위해 나름 노력을 했다.

인공 수정을 위해 A병원을 찾았다. 아침 9시쯤 병원을 찾았는데 인산인해였다. 많은 부부들이 난임과 불임에 대한 문제를 안고 사는구나 하는 생각이 들었다. 웃음기 하나 없는 얼굴에 근심 걱정하는 부부들을 보면서 동병상련의 마음을 느꼈다.

A병원에서 3차례의 인공 수정을 시도했지만 실패했다. 다른 병원을 찾았다. B병원으로 간 우리는 먼저 종합 검진을 했다. 아내의 검진 결과 뇌에서 스트레스성 호르몬이 나온다고 말했다. 뇌 MRI 촬영을 권하자, 난 덜컥 겁이 났다.

'혹시 아내의 뇌가 잘못 됐다고 하면 어떻게 하지?'

이런저런 걱정과 두려움이 밀려오기 시작했다. 환자복을 입고 잰걸음으로 걸어가는 아내의 뒷모습이 어찌나 작고 불쌍해보였는지 모른다. 아내가 너무 안쓰러워 긴 복도에서 검사실로 들어가는 동안 차마 시선을 놓지 못했다.

'할매, 부디 착한 영미가 아무 일 없이 무탈하게 해주세요.'

하늘에 계시는 할매께 기도를 드렸다. 1시간이 지났을까? 검사를 끝낸 아내는 온몸이 땀으로 젖어 녹초가 되어 나왔다. 얼마나 힘이 들었을까?

집으로 간 우리는 바로 침대에 큰 대자로 뻗어버렸다. 검사 결과, 다행히 아무 이상이 없었다. 그러나 실낱같은 기대와 희망을 가졌던 마지막 시술은 결국 수포로 끝났다. 임신의 실패로 많이 서운하고 섭섭했지만, 한편으론 무거운 짐을 내려놓은 듯 시원했다.

양가 부모님들께 둘이서 아이 없이 재미나게, 행복하게 잘 살겠다고 말씀드렸다. 2년 간 심신이 지칠 때로 지친 우리에게 양가 부모님들은 서운해하지 않으셨다. 비록 아내를 꼭 닮은 아이는 없지만 우리 부부는 행복하다. 그리고 앞으로도 평생 동안 건강과 행복을 위해 노력할 것이다.

영미 이야기

'부부 사이에 자식이 없으면 부부의 정이 떨어진다.'

'남자에게는 종족번식의 본능이 있기 때문에 자식이 없으면 남편이 바람을 피운다.'

'부부가 자식이 없으면 어른이 아니다.'

'부부가 자식이 없으면 어딜 가더라도 무시당한다.'

'결혼을 했으면 밥값을 해야지 왜 아직도 밥값을 안 하고 있냐.'

결혼 15년 동안 부모님이 아닌 주변 어른들에게 들어온 말들이다. 아이가 없는 우리 마음보다 주변의 말들로 상처를 받았다. 말하는 사람은 한 번이지만 듣는 본인은 수십 번을 들으니 귀에 못이 박일 정도다.

결혼 초, 첫 아이가 유산되고, 아이를 갖기 위해 병원엘 계속 다녔다. 한의원에서 지어온 약을 빠뜨리지 않고 먹었으며, 산부인과를 다니며 배란일을 체크했다. 남편은 귀찮고 부담스러웠는지 협조하지 않았다. 그렇게 1년을 보내면서 화가 나기 시작했다. 아이에 대한 조급함이 나에게만 있는 것처럼 느껴졌다.

'내가 뭘 하고 있는 걸까, 내 삶은 아이를 낳기 위해 존재하는 것일까?'

어느 날, 매일 먹던 한약들을 싱크대에 흘려버리고 생각을 정리하기 시작했다.

'이렇게 스트레스 받고 속상할 바엔 아예 포기하자! 그래야 남편과 내가 행복하겠다.'

그 뒤 아이에 대한 미련을 버리니 한결 마음이 편해졌다. 그렇게 남편과 난 일을 하며 즐겁게 살았다.

몇 년 전 어머님의 간곡한 요청에 다시 아이를 갖기 위해 시도를 했다. 그러나 결과는 참담했다. 인공수정 3회, 시험관시술 1회 모두 실패였다. 시간, 노력, 비용, 여러 가지 의료 시술, 정신적 스트레스…. 이 모두가 나만 겪는 게 아닐 것이다. 나보다 더 많은 시술 끝에 성공한 부부들도 있겠지만 난 더 이상 견딜 수가 없었다. 아이를 갖기 위해 노력하고 실행했던 그 시간들이 처음엔 기대와 희망에 부풀어 즐겁고 행복했는데, 시간이 가고 날이 갈수록 지치고 초췌해져가는 내 모습이 너무 안쓰러웠다. 결국, 우리는 네 번의 시도 끝에 더 이상 시도하지 않겠다고 결심했다.

지금도 아이 없이 잘 살고 있고 아이에게 사용할 비용을 우리가 배우는데 사용하고 있으니 그걸로 만족하며 살고 있다. 아이가 없는 것에 대해 큰 스트레스 없이 지내고 있다. 우린 행복하게 지낼 자신이 있으니까.

부부 이야기

인간은 세상의 모든 행복을 다 갖지는 못합니다. 원하지 않는 형태의 행복도 있고, 노력해도 오지 않는 행복이 있습니다. 그렇다면 지금 우리에게 주어진 상황 안에서 행복할 수 있는 최대치를 위해서 노력하는 게 옳지 않을까요?

자녀가 없더라도 부부 안의 소중한 행복을 만들어갈 수 있습니다. 또 다른 행복과 즐거움, 재미가 있으리라 믿습니다.

✻ 사랑을 꿈꾸게 하는 부부

유지태 · 김효진 부부는 선행 부부로도 유명하다. 동물 구호, 한부모 가정과 가정 형편이 어려운 아이들을 위한 기부 활동 등을 펼쳤다. 최근에도 아프리카 학교 건립을 지원했다.

유지태는 3년간 김효진을 짝사랑한 끝에 결혼했다. 유지태는 결혼 전 뉴욕으로 유학을 떠난 김효진에게 고백했다. 김효진은 '뉴욕에 오면 허락하겠다.'라고 농담을 했는데, 유지태가 바로 뉴욕으로 날아왔다. 그는 '3년 만나면 우리 결혼하자'고 했고, 김효진은 웃으며 그러자고 했다. 그렇게 시작한 연애는 5년 후에 결혼이라는 결실을 맺었다.

"사랑의 표현은 아름다운 거니까, 너무 생각을 많이 하면 촌스럽다."

부부 사이에는 솔직한 표현이 중요하다. 그러한 표현들이 사랑을 굳건하게 지킨다.

우주를 단 한 사람으로 축소하고,
한 사람을 신으로 확대하면
그것이 바로 사랑이다.
– 빅토르 위고

건강한 결혼 생활을 유지하는 비결 중 하나는
자신의 요구보다 배우자의 요구를 먼저 생각하며
만족시키는 것이다. 이렇게 하면 이기심은 사라지고
섬김의 정신으로 가득해질 것이다.
– 레베카 노울즈

✲ 에필로그

내 남편이 최고, 내 아내가 최고!

지난 8개월의 집필 시간이 순식간에 지나갔다. 아침에 일어나자마자 씻지도 않고 운동복과 슬리퍼 바람으로 사무실로 가서 무작정 책상에 앉았다. 컴퓨터 자판에 글을 써내려가는 일련의 과정이 한 주 한 주가 지나고 한 달 한 달이 지나니 어느 듯 한 권의 책으로 탄생했다. 우리 부부의 이야기가 특별하거나, 유난 떠는 건 아니다. 다만 우리의 이야기를 타산지석으로 '이들 부부도 우리와 같구나.'라는 생각했으면 좋겠다. 세상의 모든 부부는 아주 사소한 일로 언쟁이 시작되고 싸움이 일어난다.

어떤 모임에서 강의할 때였다. 나는 객석에 질문을 던졌다.

“다음 생에 태어난다면 지금의 남편과 다시 결혼할 사람 있나요?”

아무도 손을 들지 않았는데 할머니 한 분이 손을 드셨다. 의아해진 내가 여쭈어봤다.

“할머니, 할머니 혼자 결혼하신다고 하셨어요. 지금 할아버지를 무진장 사랑하시나 봐요?”

“사랑은 무슨 개뿔, 60 평생을 길들여놨는데 또 다른 놈을 어떻게 길들여?”

객석은 웃음바다로 변했다.

결혼을 해서 서로에게 맞추어 살기는 너무 힘들고, 어렵고, 고달픈 과정이다. 상대인 배우자를 위해 나를 내려놓고 비워야 한다. 비워진 내 속에 배우자의 마음을 담아야 한다. 결단코 쉽진 않다. ‘나를 비우고 배우자를 채우라니? 너도 못하면서 무슨 남에게 그렇게 하라고 해?’ 그런데 난 시도도 해봤고 노력도 해봤다.

본인부터 바뀌지 않으면 배우자도 바뀌지 않는다. 왕의 곁엔 누가 있나? 왕비가 있다. 남편이 왕 대접을 받고 싶으면 아내를 왕비처럼 대해주

라. 왕 대접받으려고 아내에게 하녀처럼 대하는 건 양아치(거지)이다. 아내를 왕비처럼 배려해주고, 이해해주고, 존중해주고, 존경해준다면 아내도 남편을 왕처럼 대해줄 것이다. 이 남편은 양아치(良我治; 나를 좋게 다스린다)이다. 아내보다는 먼저 본인을 뛰어나게 다스릴 줄 알아야 한다.

부부는 배우자에게 존중받길 원한다. 내 아내가 최고, 내 남편이 최고라는 말을 들으며 존중받길 원한다. 서로 존중하고 존경하는 부부가 이 세상에서 가장 행복한 최고의 부부이다.

이 책을 읽은 부부들이 "행복하신가요?"라는 질문에 밝게 웃으며 "네, 행복합니다!"라고 대답할 수 있도록 변해가면 좋겠다.

결혼은 지게와 같다. 삶의 무거운 무게를 조금 쉽게, 가볍게 질 수 있는 지게이다. 혼자 무거운 짐을 지려고 하지 마라. 두 걸음도 못 가서 나자빠진다.

2019년 8월